谨以此书献给——
光荣的地质队员和
牺牲在山野的无名队友！

仁者乐山。　　　　　　　　　　——孔子

天地有正气，杂然赋流形。
下则为河岳，上则为日星。
　　　　　　　　　　——文天祥

山随平野尽，江入大荒流。
　　　　　　　　　　——李白

刘兴诗

—— 著 ——

刘兴诗爷爷讲地球

神奇的古生物

上册

长江出版传媒　长江文艺出版社

图书在版编目（CIP）数据

神奇的古生物：全二册 / 刘兴诗著. -- 武汉 ：长江文艺出版社，2023.10
（刘兴诗爷爷讲地球）
ISBN 978-7-5702-3138-6

Ⅰ．①神… Ⅱ．①刘… Ⅲ．①古生物—少儿读物 Ⅳ．①Q91-49

中国国家版本馆 CIP 数据核字(2023)第 091027 号

神奇的古生物 ：全二册
SHENQI DE GUSHENGWU : QUAN ER CE

责任编辑：钱梦洁　　　　　　　责任校对：毛季慧
设计制作：格林图书　　　　　　责任印制：邱　莉　胡丽平

出版：长江出版传媒　长江文艺出版社
地址：武汉市雄楚大街 268 号　　　邮编：430070
发行：长江文艺出版社
http://www.cjlap.com
印刷：湖北新华印务有限公司

开本：720 毫米×1000 毫米　　1/16　印张：13.75
版次：2023 年 10 月第 1 版　　　　2023 年 10 月第 1 次印刷
字数：154 千字

定价：56.00 元（全二册）

目录

上篇
生命从海洋开始

- 第一章　最古老的地球"居民"　/002
- 第二章　5亿年前大海的主人　/006
- 第三章　海底"牛角杯"　/012
- 第四章　海老人的笔迹　/015
- 第五章　神秘的鹦鹉螺　/019
- 第六章　有生命的"沙粒"　/026
- 第七章　会飞的石燕　/029
- 第八章　了不起的蜻蜓大王　/033
- 第九章　穿"铠甲"的鱼武士　/039
- 第十章　爬上陆地的鱼　/043
- 第十一章　拖着鱼尾巴的"蜥蜴"　/049
- 第十二章　装腔作势的二齿兽　/053
- 第十三章　夹在岩石书页里的青蛙　/057

恐龙时代

- 第十四章　不是鱼的鱼龙　/064
- 第十五章　尼斯湖怪的嫌犯　/069
- 第十六章　天空中的飞龙　/076
- 第十七章　一幅恐龙时代的追捕图　/080
- 第十八章　从成都理工大学的校徽说起　/087
- 第十九章　话说图腾龙　/094
- 第二十章　鳄鱼的祖先　/101
- 第二十一章　天空中的第一只鸟　/105

生命从海洋开始

生命从哪里来？

是陆地还是海洋？

地球上最早的居民是谁？

是恐龙还是三叶虫？

是有孔虫还是布鲁克斯水母？

生命来自海洋，最早的生命距今至

少 36 亿年……

第一章
最古老的地球"居民"

名称：布鲁克斯水母

地质时代：元古代末期至古生代奥陶纪

喂，朋友，你能告诉我，地球上最早的"居民"是谁？

是恐龙吗？

是始祖鸟吗？

不，都不是的。它们虽然生活在遥远的古代，却还是动物界的晚辈，没有资格获得这样的殊荣。

是5亿年前大海的主人、盛极一时的三叶虫吗？

不，也不是的。那时候世界大洋里的"居民"已经很多了，它也配不上是最早的生命的先驱。

人们对探索最古老的生命产生了兴趣，许多科学家进行了专门研究，希望能够把"生命之源"的桂冠奉献给真正最早出现的动物。

一位加拿大教授说，他在北冰洋地区的古老岩层中发现了一种海绵动物的化石，距今 20 亿年，应该算是最早的动物了。可惜经过了漫长的岁月，遗迹受到破坏，只有一些形影，是不是真正的动物化石，一时还说不清呢。

另一位加拿大科学家说，他在 8 亿至 13 亿年前的岩石中发现了有孔虫的化石。可是经过仔细研究后证明，那只是一种矿物的同心圆状的花纹。他的期望落空了。

1947 年，机会终于来了。有一位名叫斯普里格的科学家，在澳大利亚南部的埃迪卡拉山区，发现了许多古代海生动物化石。后来的科学家在这里继续研究，总共发现了 2000 多个生物遗体。其中 67% 是腔肠动物，25% 是环节动物，5% 是节肢动物，还有一

埃迪卡拉动物群

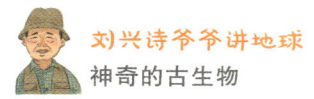
些其他动物。人们测定了它们的年龄，距今 6 亿至 7 亿年，相当于元古代晚期的震旦纪。1960 年第 22 届国际地质会议正式把这个古老的动物群命名为埃迪卡拉动物群，是现在所知道的最早的古动物群了。

从那以后，世界上许多地方，包括西南非洲、加拿大、俄罗斯和英国，都发现了同时代的古老动物；科学家在我国长江三峡的西陵峡的震旦纪岩层里，找到了海绵骨针和一些软体动物化石，距今 6.1 亿至 7.5 亿年；南京地质古生物研究所的科学家在贵州省瓮安生物群中发现了一枚原始海绵动物化石，命名为"贵州始杯海绵"，也有 6 亿年的历史；淮河以南的淮南古动物群，距今 7.4 亿至 8.4 亿年……这些都是地球上最古老的居民。这些没有骨骼的软体动物，有人又把它们称为"裸露动物"。

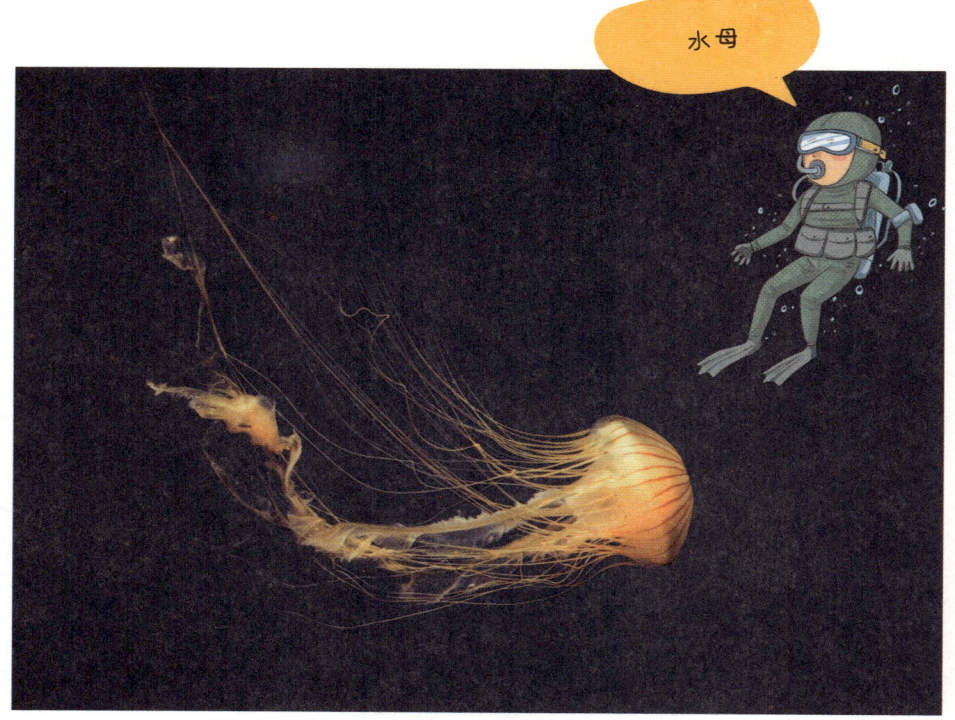

水母

在这些原始动物中，最有代表意义的是布鲁克斯水母。它的身体是椭球形，或是盘状，像是充满了气体的气球似的鼓胀着。它的边缘裂成好几片，从上面看，好像许多花瓣似的。布鲁克斯水母的肚子下面伸出四五根口管，它应该是从这里吸收营养、维持生命的。

埃迪卡拉动物群的动物种类已经很丰富了，也有复杂的身体结构。在它以前还有没有更早、更简单的古老动物呢？答案是肯定的，因为一切事物的发展都是从简单到复杂。布鲁克斯水母够复杂了，在它之前必定还有更加简单的原始生命，只不过暂时还没有找到而已。

朋友们，大家一起动手，去寻找地球上真正的最古老的"居民"吧。这个具有重大科学意义的工作，十分神秘而又艰辛，却是人类不容推卸的责任。

 **小卡片**

蓝绿藻、叠层石

蓝绿藻出现在距今 35 亿~33 亿年前。20 亿年前到 7 亿年前，中元古代的叠层石是一种"准化石"。这二者算是最古老的生命了。

还有呢！有人说大约在 36 亿年前，产生了第一个有生命的细胞，该算是最古老的生命了吧。

这些东西当然比布鲁克斯水母更早，但是它们的结构却没有布鲁克斯水母完整，只能说是"生命"，还不能算作"动物"。因此，暂时还只能把布鲁克斯水母当成是最可靠的古老动物。

第二章
5 亿年前大海的主人

名称：三叶虫

地质时代：寒武纪至二叠纪

5 亿年前大海的主人是谁？

是三叶虫。

5 亿年前世界的主人是谁？

是三叶虫。

请问，为什么三叶虫是那时候大海和世界的主人？

道理非常简单。那时候，陆地上压根儿就没有生命的痕迹。生命是在海水中诞生的，所以当时可以忽略陆地。生活在大海里的三叶虫，当然既是大海的主人，也是世界的主人啰。

寒武纪时期的三叶虫

说得具体些，是在遥远的 5.7 亿年前，古生代刚刚开始，翻开寒武纪的第一页，就出现了这个第一代"海上之王"。

请注意，我没有称呼它是什么"海上霸王"，因为它的个头儿不大，没有特殊的"武器"，称不了什么"霸"。可是它的确是当时最多、最主要，也是整个时代最有代表性的生物，给一个"王"的称号，也不是不可以的。何况三叶虫的种类很多，其中就有一个王冠虫，已经有"王"的称呼了。

话说到这里，没准儿有人说，只听说过三叶草，还没有听说过三叶虫。古时候有青草化为萤火虫的传说，这个三叶虫，是不是三叶草变化成的？

不！不！不！

我在这里连说三个"不"，就是说绝对没有这么一回事的意思。

三叶草是草，三叶虫是虫。一个是植物，一个是动物，怎么可能互相变来变去呢？

人们还会问，三叶虫这个名字很古怪，为什么这样称呼它？

古生物学家解释说，这是根据它的身体结构命名的。

你看，在它的几丁质外壳上，有两条深深的背沟，把整个身体纵分成中间的轴叶和两边的两个侧叶。

再一看，它又可以分为头、胸、尾三个部分。不管横看还是竖看都是三片，难怪人们给它取了"三叶虫"这个名字。

仔细看，它的身体大多是卵形，或者是椭圆形。头上有眼睛和活动颊，有的还有一对尖尖的颊刺。胸部有许多体节，可以蜷曲起来保护肚子。尾部有大有小，有的有尖锐的尾刺，有的是半圆形、新月形，或是燕尾形，可复杂了。

根据体形不同，三叶虫可以分为许多种类，每一种都有特殊

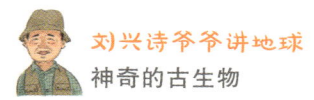

的名称。例如前面说过的王冠虫，头部有许多瘤状的突起，看起来好像是王冠上的一颗颗钻石。再如像眼睛长在头部后面的斜眼虫，头大尾小胸节多的莱得利基虫，脑袋像蛤蟆、尾巴像蝙蝠的蝙蝠虫等，都各有各的特点。

三叶虫的个头儿不大，一般只有几厘米长，特别巨大的"巨虫"可以达到70厘米，最小的却小得只能在放大镜下面才能看见它的尊容。

别瞧它们只是一只只微不足道的小虫子，却是5亿年前寒武纪时期大海的主人。它们绝大多数生活在暗沉沉的海底，用扁平的身体紧紧贴在泥地上缓缓爬行，或者在松软的泥沙中钻来钻去。因此今天我们看见它们的化石，绝大多数都在泥质的沉积岩里。也有一些种类的三叶虫在海上顺水漂流，生活习性也与其他的三叶虫不相同。

三叶虫行动很缓慢，没有自卫能力，遇到别的生物攻击，只能把身体蜷曲成一个小球，用比较硬的几丁质背甲保护自己。好

三叶虫化石

在寒武纪时期，它们的对手很少，所以能够大量繁殖，占有当时海洋生物的一半以上，把辽阔的大海变成"三叶虫的海洋"。

它的延续时期很长，从5亿多年前的寒武纪，直到2.5亿年前的二叠纪末，前后有近3亿年。

哎呀！3亿年是什么概念？从前一个个皇朝的"万岁爷"们，也才只敢自称一万年。整个皇朝也不敢吹嘘得太了不起，也不过是什么"万世根基"而已。万和亿差远了，和这种小虫子相比，那些皇帝算得了什么？！

三叶虫真的过了3亿年的好日子吗？也不是的。

从4.9亿年前的奥陶纪以后，一些凶猛的肉食性动物出现了。例如奥陶纪初期出现的直角石、鹦鹉螺等头足动物，奥陶纪中期出现的甲胄鱼，以及泥盆纪大量繁殖的鱼类等，都饶不了弱小的三叶虫，是三叶虫没法抵抗的天敌。

掐指算一下，从5.7亿年前寒武纪开始，到4.9亿年前寒武纪结束、奥陶纪开始，它只过了8000万年的好日子，往后就委委屈屈像是受气的小媳妇一样，再也没有宁静的日子过了。

这时候，三叶虫该怎么办？

它们没有办法，只好蜷缩得更紧，尽可能抵御外来者的侵犯。有的还长出了大大的复眼，随时注意身边的情况，及早做好逃避的准备。

可怜，实在太可怜！

唉，三叶虫毕竟太弱小了，在这弱肉强食的海洋里，终于完全退出了历史舞台。不过，在无数强敌的侵扰下，它们也苦苦支撑了很长很长的时间，是生命力很强的小小生命。

在没有强敌的情况下，三叶虫数量庞大，曾经是一代"海上之王"，却从来不是"海上霸王"。现在，你该理解了吧？

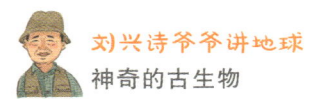

三叶虫的家谱

三叶虫是一种低等的节肢动物，本身种类非常复杂，有许多目、科、属、种，有一个庞大的家族。

奇特的"多蝠砚"

清朝著名诗人王士禛在笔记《池北偶谈》中，有这么一段有趣的记载：明朝末年崇祯九年（公元 1636 年）的春天，有一个名叫张华东的文人到泰山去游览，忽然看见河水里一块大石头上，镶嵌着两只"蝙蝠"，感到很奇怪。他走过去，把水里的石头捞起来一看，惊奇得简直不相信自己的眼睛了。

哎呀！可不得了。想不到石头背面还有许多同样的"蝙蝠"，张开翅膀好像在飞翔，一个个活灵活现的。他认为这是一个宝物，就把这块石头叫作"蝙蝠石"。"蝙蝠石"石面有一个凹坑，可以用来储存墨汁，旁边的光滑石面可以磨墨。这块石头有一尺左右，干脆做成一个大砚台，取名叫作"多蝠砚"。"多蝠"是"多福"的谐音，象征着幸福美好。这样天造地设的一个宝贝，前来参观的人无不称奇，张华东喜欢得不得了。

其实，张华东不是第一个发现这种"蝙蝠石"，也不是首先用它做砚台的人。根据晋朝人郭璞在《尔雅注》中的记载，早在一千多年前的晋朝，就有人在山东用这种含有奇异"蝙蝠"的化石制造砚台了，取名叫作"蟙蟔（zhì mò）石"。

什么是"蟙蟔"？蟙蟔就是当时对蝙蝠的称呼。郭璞记载的"蟙蟔石"，也就是张华东所说的"蝙蝠石"。可惜这些珍奇的砚台，已经随着历史烟尘消逝得无影无踪了，只留下这两本古书的记载，作为曾经有过这件事的凭证。

不过，这没有关系。只要有了起初的发现，必定就有后来人接着干，而且比前人越来越聪明。

是呀！是呀！既然历史证明山东是这种"蝙蝠石"的产地，可以用来制作上等的砚台，那就到那儿去找呗。古人能找到，难道现代人就找不到吗？

地质学家也出马了，首先鉴定出这不是什么"蝙蝠"，而是古老的三叶虫，只不过其外形有些像蝙蝠罢了。

地质学家接着宣布，山东主要的"蝙蝠石"产地在泰安大汶口。因为三叶虫的形状也有一点儿像燕子，所以蝙蝠石又叫"燕子石"。奇特的三叶虫化石，主要在这儿的寒武纪石灰岩中。

有了产地和地层就好办了。人们在同样的产地，采集含有三叶虫化石的岩石，成批成批地制造出同样精致的"多蝠砚"。根据石头的具体情况，人们对其进行了独具匠心的设计。有的三叶虫趴在砚池边沉睡，有的在砚台表面爬行……单单双双、大大小小各不相同，组成一幅幅美丽而又独特的图案。每一个砚台都不同，每一个都是精致的工艺品，绝对没有工业化成批生产一个个模样相同的情况。

其实，三叶虫是一种常见的化石，也不一定仅仅存在于寒武纪的地层中。它的种类很多，只要找到同一个时代的地层，几乎就能发现同样的三叶虫。我在野外工作中，不知发现过多少三叶虫化石，真的不是一个地方独有的，这一点儿也不稀奇。不信，你在地质队员的背包里翻找吧，肯定可以找到同样的标本。

这种远古动物生活在广阔的大海中，而远海沉积物生成的石灰岩，十分均匀细腻，用来做磨墨的砚台，那是再好不过了。

第三章
海底"牛角杯"

名称：古杯

地质时代：寒武纪

静静的海底，有一只尖尖的"牛角杯"隐藏在深深的水下，显得神秘极了。请问，这是谁失落在这儿的？

这是一艘古代沉船遗留的文物吗？是某个公主的物品，或是一群海盗狂欢豪饮的用具，还是海龙王最珍爱的一只玛瑙酒杯？

不，都不是的。它不是陶土焙烧的器皿，不是巧手工匠精心雕琢的艺术品，也不是神话传说中的宝贝。这是一种早已灭绝了的海洋动物，和三叶虫一起生活在5亿年前的大海里。因为它的形状很像一只高高的尖底酒杯，所以人们就把它叫作"古杯"。

其实，这种"酒杯"并不高，很少有超过15厘米的，连龙王爷的胡子也比不上。如果它真的是"酒杯"，只能是海底小矮人的用具，不可能拿来给人们豪饮。它的形状也多种多样，除了杯子样式的，还有倒锥形、圆柱形、碟形和盘状形的，有的下面还有一个杯座，可以平放在海底，而且外形奇特，令人叫绝。

除了单个金鸡独立的，也有群体簇生在一起，形成树丛状、链状等排列形式的，这些"杯子"表面有光滑的，也有一些有瘤状的突起，或者纵向、横向的皱纹。

别瞧它的个儿不大，结构却非常特别。它是由内外两层多孔的"墙壁"组成的，中间有许多小小的隔板，形成一个又一个小巧的隔壁"房间"。这些"房间"由一系列的外壁、内壁、中腔、隔板、横板、曲板、泡沫板、骨棒、管室、固着根等各种各样的"零件"拼凑而成。

由于"古杯"周身都是小窟窿眼儿，所以人们猜测它是一种类似海绵靠过滤取食的特殊生物。含有食物成分的水流从外壁渗透进身体内，它吸收养分后又把水排出来，这样周而复始地维持自己的生命。

哈哈！这简直就像是一个天然过滤器呀！大自然安排了这么一种奇特的生物在天地间，实在太巧妙了！

"古杯"喜欢生活在平静、清洁、温暖的浅海水底，用自己的底座固定在泥沙上，过着特殊的底栖生活。由于这个原因，最初还有人以为它是一种植物呢。

不，在它的一生中，并不都是一动不动地像木头桩子似的死死站在一个地方不挪动一点儿位置。它的童年时代是一个会浮游的幼虫，在海上不声不响漂游，随着海水的流动散布到各处。慢慢长大后，它逐渐分泌出钙质的骨骼，生成了多孔的身体，并发展成为"牛角杯"的形状沉下海底，开始了底栖固着的生活，成为不声不响的海底隐士。

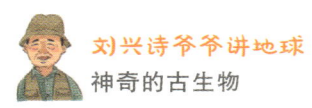

珊瑚的家族

美丽的珊瑚也是一种古生物吗？

是的，珊瑚由来很久。早在几亿年前的下古生代，就出现它们的踪迹了。它们属于腔肠动物的一个专门的珊瑚纲。

在远古地质历史中，珊瑚的门类很多。在珊瑚纲里，还有下面这些种类：

四射珊瑚亚纲，存在于奥陶纪至二叠纪；

六射珊瑚亚纲，存在于中三叠纪直到现在；

横板珊瑚亚纲，存在于寒武纪至三叠纪；

日射珊瑚亚纲，存在于晚奥陶纪至泥盆纪；

八射珊瑚亚纲，存在于三叠纪到现在。

珊瑚

第四章
海老人的笔迹

名称：笔石

地质时代：中寒武纪至石炭纪

当我们翻开远古的岩层，常常可以看见一行行墨迹斑斑的笔迹，像是一种特殊的楔形文字。仔细看，似乎是压扁成了碳质薄膜，很像铅笔在岩石层上书写的痕迹。

啊，这是谁留下的？是古埃及的，还是古巴比伦的，或者是别的古老民族的文化遗产？是一位博学的圣贤，还是神秘的巫师，留给后人的箴言或者高深的启示？是隐藏着世界末日的预言，或者未来历史发展进程的预告？人们查遍了古代历史，也找不到这种奇怪的文字，以及任何足以启发人的端倪。

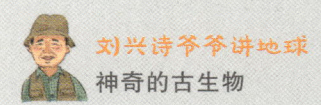
咦，这是怎么一回事儿？人们不禁发问：海老人哪，这是您用毛笔蘸着咸咸的盐水书写的古代海洋神话吗？

沉默的大海没有回答，依旧波涛翻滚。哗啦、哗啦、哗啦啦，似乎这就是它含含糊糊的回答。

不是的。

古生物学家告诉大家，这不是常见的文物，这是一种古生物的遗迹呀！

这是一种远古脊索动物的化石。虽然它早就被人们发现了，却没人能弄清是怎么一回事儿。

18 世纪，大名鼎鼎的瑞典生物学家林奈给它取了一个名字叫

笔石化石

笔石。可是林奈本人也没有弄太清楚，仅仅认为它是岩石缝隙里的一种化学沉淀物，是一种假化石，根本就不算一种生命。

也有人认为它是一种苔藓虫，或是一种压扁了的神秘动物。直到 20 世纪中叶，科学家使用先进的电子显微镜以及其他的研究方法，才最终揭开了它的庐山真面目。

哦，原来这是一种特殊的海洋群生动物。我们所见到的笔石的外形，是许多小笔石虫共同居住的"公寓"。残留在岩石上的一笔笔"墨迹"，只不过是许多笔石枝，每个笔石枝上面都有一个胎管和许多胞管。这些中空的小管子，就是笔石虫的安乐窝。

许多笔石体互相连接起来，排列成一个个奇妙的图形，仿佛是难懂的古代楔形文字，考验着人们的智商。

有趣的是，这种海洋"公寓"和固定在海底的珊瑚不一样。除了极少数固定在海底过着隐士般的生活外，大多数都是四海为家的旅行者。它们带着自己的"房子"，随波逐流到处漂泊。从笔石化石发现的情况来看，当时世界上几乎所有地方都有它们的踪迹。如果好奇的人们向它们打听组成的"笔迹"到底是什么意思，没准儿它们会回答：这是"笔石到此一游"的签名呀！

小卡片

笔石的种类

请别小看了小小的笔石，它的种类也很多呢。它分为正笔石、管笔石、腔笔石、茎笔石、树形笔石等种类。它们各自有着不同的构造，共同组成一个庞大的家族，在远古海洋里延续了很久。

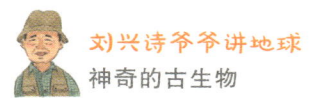

笔石的生活环境

　　笔石生活在什么环境里？从它的化石所在的岩石可以看出一些信息。在野外工作中，地质工作者发现，笔石化石总是在页岩中，可见它总是生活在距离岸滨不远的浅海，栖息在泥质水底。其中最多的是黑色页岩，表明这里是水流不畅、缺乏氧气、富于硫化氢的还原环境。这里不利于一般的海洋生物生存，所以别的生物化石很少。成群的笔石漂流到这里，就会大量死亡。死后尸体沉落到海底，因为这儿的底栖动物很少，笔石的尸体不会被吞掉或破坏，所以就很好地保存下来了。

页岩的结构

第五章
神秘的鹦鹉螺

名称：鹦鹉螺

地质时代：奥陶纪至现代

啊，鹦鹉螺，多么美丽的鹦鹉螺！

难道不是吗？它洁白的贝壳上，点缀着一条条红褐色的波纹，色彩斑斓。

啊，鹦鹉螺，多么神秘的鹦鹉螺！

难道不是吗？它藏在深深的大海里，难得露出真容。不像别的贝壳，一网就可以捞起许多。

啊，鹦鹉螺，多么熟悉的鹦鹉螺！

难道不是吗？我们都看过著名科幻小说作家凡尔纳写的《海底两万里》，对主人公尼摩船长驾驶的"鹦鹉螺号"潜艇无限神往。如果能跟随他，乘坐这艘神秘的潜艇，静悄悄地游遍幽暗的海底王国，该有多好！

也许受这部科幻小说的启发，世界上第一艘蓄电池潜艇和第

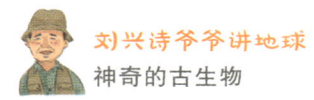

世界第一艘核潜艇
"鹦鹉螺号"

一艘核潜艇，都被命名为"鹦鹉螺号"。1958年，"鹦鹉螺号"核潜艇首次从冰层下穿过了北极点，完成了一次惊人的探险航行。

为什么在凡尔纳笔下的神秘科幻世界里，以及这个现实世界中，这些不平凡的潜艇都取名叫作"鹦鹉螺号"？

道理非常简单，因为鹦鹉螺这种海洋动物，实在太神秘诱人了。凡尔纳的故事也太神秘，久久留在人们的心中。所以，后来执行这个重大探险任务的核潜艇，才取了这么一个同样科幻式的名字。

是呀！是呀！除了科幻式的传说，除了离奇古怪的鹦鹉螺本身，还有什么配得上水底穿越北极点的壮举。

是呀！是呀！鹦鹉螺就是这样一个稀罕、神秘，一出现就紧紧吸引住人们目光的，不可多得的探索对象，是神秘和好奇的代名词。

你可知道，鹦鹉螺不仅有这些传说和现实的故事，它还从其他角度给人以启发，引起人们的兴趣。数学家从它的外壳切面所表现的优美螺线，分析出其中暗含了著名的斐波拉契数列。斐波拉契数列的两项间比值，无限接近黄金分割数。还有人从它的外壳上那些诡奇的花纹，居然联系上八竿子也打不着的天文学——觉得这些奇妙的纹路，似乎与天体运行有着某种关系呢！所有这一切，都表明了它在人们心目中向来就是一种变幻莫测的生物。

鹦鹉螺是什么？其实就是一种海洋软体动物！它的外壳很薄、很轻，像螺旋形一样盘卷，生长纹从壳的脐部辐射出来。它的表面有着红褐色的、雪白的、乳白色的颜色。整个螺旋形的外壳有点像鹦鹉的喙，所以叫作鹦鹉螺。虽然叫作鹦鹉螺，却和鹦鹉、螺没有一丁点儿关系。好像我们的名字，有的叫什么龙啊虎的，还有的带一个松、竹、梅字，其实和这些动物、植物没有半点儿

鹦鹉螺

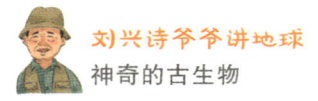
关系一样。

关于它的名字来源，还有别的猜测，就有人说是拉丁文的"水手"一词。古代人们发现许许多多鹦鹉螺的空壳，在海上随波漂流，也有离奇的传说。人出名了，什么"八卦"新闻都有；鹦鹉螺出名了，也有说不完的传说。

它属于软体动物门、头足纲下面的一个鹦鹉螺超目，可以分为 2 属 6 种，包括大脐鹦鹉螺、珍珠鹦鹉螺、白斑鹦鹉螺、帕劳鹦鹉螺等，是现代章鱼、乌贼的亲戚。它本身就有许多种类，一下子说也说不完。有的壳面很光滑，有的装饰着美丽的花纹，把自己打扮得非常漂亮。也许正是这个原因，人们才用美丽的鹦鹉来命名这种奇怪的螺壳动物吧！

它和别的带壳的软体动物相比，算得上是"大个子"了。

前文已经说过，鹦鹉螺是一种软体动物，藏在美丽的壳室里，壳内有它的"卧室"，还有一连串隔开的"气室"。各个壳室之间有膜隔开，一根室管穿过膜，把各个壳室连在一起，结构非常巧妙。气体和水流通过室管向壳外流出，它就这样来控制浮力。也许这些"气室"就是帮助它浮游的特殊设备吧。这可真像是一艘结构巧妙的超迷你型潜艇。

鹦鹉螺的游泳方式与众不同。不是像鱼儿一样用摆动胸鳍、腹鳍和尾鳍来运动前进，而是依靠身体收缩向外喷水，利用水的反作用力推着它向前运动。它是一种了不起的"喷水潜艇"。

它和真正的潜艇一样，攻击能力也很强。它的头部有许多触手，可以用来捕捉食物，是大海里的一种凶猛的肉食动物。

4.4 亿年前的奥陶纪，是鹦鹉螺称霸的时代。它们几乎遍布全球海洋里的每一个角落，大约有 2500 个种类，可是后来种类越来越少，不过还没有完全绝迹。直到今天，在温暖的印度洋和南太平洋，包括我们的台湾海峡和南海在内，还能找到它们的踪迹。它们要比大熊猫古老得多，是名副其实的海洋活化石。

你知道吗？

鹦鹉螺的生活习性

鹦鹉螺可以浮上水面，也能沉下海底。它栖息在上百米的深水底层，不愿意受外界干扰，过着平静的水下隐士生活。

它老是停留在一个地方，不会动一下吗？

当然不是的。

既然它是动物，就会运动呀。

它有自己的活动方式——伸出一根根柔软的腕部，非常缓慢地在泥地上匍匐前进。

除了这一招，它还能通过排出壳室内的水，利用喷水的反作用，向着前方推进，好像一艘奇异的微型潜艇似的，悬浮在水中运动。

在海上风平浪静的夜晚，暴风雨过后，它常常浮起来。

只见它贝壳向上，壳口向下，头和腕完全舒展开，舒舒服服浮游在水面上，悠闲自在地到处漂游。

鹦鹉螺身体非常柔弱，没有对抗敌人的武器，所以它的警惕性很高。只要觉察到一丁点儿危险，它就立刻缩进壳里躲起来，不会继续冒险。

它一般在晚上活动，白天附着在岩石或者珊瑚礁上，是一种凶猛的黑夜猎手。古时候，三叶虫遇着它，可要倒霉啦。

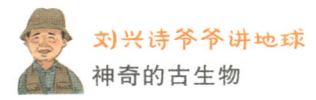
为什么鹦鹉螺喜欢藏在海底？

除了躲避敌人，这里还不会受到汹涌的波浪影响。

可是只要在大海里，哪儿的海水都是会流动的，要是被冲走了怎么办？

有办法！它的腕部可以排出一些分泌物，像胶水一样紧紧地粘在岩石上，能牢牢固定住身子不动。

它生活在大海里，吃什么东西过日子呢？

它一般在夜晚行动，抓一些水底的小甲壳动物吃，特别喜欢吃小螃蟹。其实，它也可以算是甲壳动物，真是大鱼吃小鱼，大甲壳动物吃小甲壳动物，大的欺侮小的呀！

小知识

鹦鹉螺和月球活动

有人观察了现存的几种鹦鹉螺，发现其贝壳上的波状螺纹宽窄不一，可以分成许多隔，每隔30条左右，是一种特殊的生长线。鹦鹉螺每天长出一条，每月长出一隔，好像树木一样，也有自己特有的年轮。

根据这些螺纹数目的变化，就能推算出月球活动的规律。

我们发现：在距今2600万年前的第三纪渐新世的鹦鹉螺化石上每隔有26条螺纹，6500万年前白垩纪的有22条，1.4亿年前侏罗纪的有18条，2.8亿年前石炭纪的有15条，4.4亿年前奥陶纪的有9条。这意味着奥陶纪时期月球绕地球一周只有9天，月球环绕地球运动越来越慢，正在远离地球而去。

情况真是这样吗？不管怎么说这也是一个奇特的发现。

菊石

　　菊石和鹦鹉螺一样，也是软体动物门、头足纲下面的一个超目。它于古生代泥盆纪开始出现，在中生代末期的白垩纪也是海上的一代肉食性霸王。

不同种类的菊石

第六章

有生命的"沙粒"

名称：纺锤虫

地质时代：石炭纪至二叠纪

它是谁？隐藏在哪里？为什么很难瞧见它的踪迹？

这只是一个小不点儿的家伙，只有一颗米粒大小，只不过 4~6 毫米，真的太小了。它的全身只有一个细胞，实在微不足道。

请别小看了它。它也是一个具有生命的小小动物呢。这是 2 亿多年前原生动物有孔虫的一种，因为它的整个身子是纺锤形，所以研究者给它取了一个极其形象的名字——纺锤虫。

它的全身大多数是以螺旋轴为中心、按螺旋方式排列的。在石灰质的壳内，有发达的隔壁和孔。

纺锤虫属于有孔虫目的一个亚目，是一种单细胞动物。在古书里，纺锤叫作蟆 (tíng)。所以李四光就给它取了一个学名，干脆就叫作蟆。可是，这也不一定。在它的家族中，也有棒形和球形的纺锤虫。

喂，朋友，请不要看它这么小，内部构造可复杂了。在放大镜下一看，里面整整齐齐排列着一圈圈蜂窝状的壳室。

其中，最里面一个是初房，有一个小孔。原生质就是从这里流出来，形成了一层又一层的壳室和旋壁。壳室之间有隔壁，还有沟通内外的通道。大多数壳室以螺旋轴为中心，按照螺旋方式排列，非常有规律。在这样小的身体里面，有这样奇特的建筑设计，人类真的没有想到呢。

蜓是古生代的重要化石，大多数默默无闻地居住在海底，像是最最平凡的沙粒。粗心的人们啊，你们可曾想到过，在最普通的泥沙里，居然也孕育着生命的奇迹。

蜓并不都是这样微不足道的小东西，在它的家族里也有了不起的"巨无霸"。在一代代发展中，它们的体形逐渐增大，有一种居然达到 6 厘米长，可算是这个家族里的"巨人"了。

珠穆朗玛峰上的货币虫

货币虫也是有孔虫的一种，生存在老第三纪，在始新世时期最繁盛，在地中海地区特别多。在有孔虫家族中，它的个头儿比较大，直径可以达到 6 厘米。因为它的外形很像一枚货币，所以叫作货币虫。这个名字来源于拉丁文，意思就是"小铜板"。

信不信由你，珠穆朗玛峰上的岩层里，也有它的踪迹，由此证明，这里曾经是老第三纪期间古地中海的一部分。

货币虫化石

小知识

有孔虫和地层划分

小小的纺锤虫和别的一些有孔虫有什么作用？

请别小看了它。由于在不同时期，生成了不同的有孔虫品种，这些有孔虫生成化石后便成为划分一个个时期的标志物。所以，在古生代地层划分中，不同的有孔虫就能精确细分出不同的地质时代。在石油以及其他相关科学问题的研究中，具有非常重要的作用。

有一个研究生，原本报考在我的门下，后来转为古生物专业，专攻有孔虫这个"小虫虫"。他毕业后辗转到东南亚一个很大的国际石油公司工作。我曾到那里访问，他告诉我，凭着这一套研究"小虫虫"的功底，在单位里他牢牢地站稳了脚，成为不可替代的业务骨干。由此可见，有孔虫这个"小虫虫"有多么大的意义。

第七章
会飞的石燕

名称：石燕

地质时代：古生代晚奥陶纪至中生代早侏罗纪，在古生代的泥盆纪、石炭纪最多

东晋大画家顾恺之在《启蒙记》中有一段有趣的记载："零陵郡有石燕，得风雨则飞如真燕。"

瞧，他说的是这儿有一种石头燕子，原本一动不动，遇着了风雨就会飞起来，好像就是真正的燕子。

这个石头燕子是什么东西？原来啊，它就是有名的石燕。人们发现岩石里露出一些奇怪的小动物，有尖尖的"喙"，展开的"翅膀"，活像是一个个石头小燕子，所以就取名叫作石燕。顾恺之大概亲眼见过，没准儿以为这些"小燕子"疲倦了，藏在石头里休息呢！根据风雨过后这些"小燕子"常常坠落的现象，他想，这就是它们拍着翅膀飞起来了。

唉，这位大画家，不知画了多少山水人物。可惜没有留下一

幅石燕飞翔的画，以便作为珍贵的凭证。

零陵郡在哪儿？

公元前 221 年，秦始皇平定南方后，在今天的广西全州设置零陵县。汉武帝把它升格为零陵郡，管辖湖南南部、广西东北部一大片地方。

这儿出产石燕的记载很多。唐朝历史学家李吉甫在有名的《元和郡县图志》中，也有一段话说："石燕山在县（湖南祁阳县）西北一百一十里，出石燕充药。"

古时候这样的记载很多。北魏时期的大学者郦道元，在《水经注》里也有一段记述："石燕山有石绀而状燕……，及雷雨相薄，则石燕群飞，颉颃如真燕矣。"

北宋张师正在《倦游杂录》中，说得更加清楚。他说："零陵出石燕，旧传雨过则飞。常见谢郎中鸣云：自在乡中山寺为学，高崖岩石上有如燕状者，圈以笔识之。石为烈日所曝，忽有骤雨过，所识者往往坠地。盖寒热相激而迸，非能飞也。"

瞧，有这么一个叫谢鸣的乡村医生在庙里读书，发现高高的崖壁上有许多这种石头小燕子，就用笔一个个圈画出来，注意观察它们的活动。日子一天天过去，这些"小燕子"一个也没有动一下。经过日晒雨淋，有的"啪嗒"一下掉落下来。这就是热胀冷缩的风化作用嘛！

他拾起来仔细看，原来这是一种河蚌一样的小动物，不知怎么变成了石头。它们有一个非常尖锐的壳喙，好像是燕子的嘴喙。连接两扇外壳的铰合线又直又长，向两边宽宽地展开，很像鸟儿张开的翅膀。加上鼓起的壳瓣，好像是燕子的胸脯。打眼一看，整个形态还真的像是一只振翅欲飞的小燕子呢。难怪1700多年前的顾恺之弄错了，给它取名叫石燕。他是一位浪漫的画家，没有学过地质学，请原谅他吧。

石燕是一种腕足动物，用铰合器官把两个壳连接在一起。如果剖开一看，可以瞧见里面有两根盘旋成一圈圈的腕带，叫作腕螺。这就是它的"手臂"，用来张开、关闭壳瓣，在海水里摄取食物维持生命。

石燕不会飞，和蓝色的天空没有一丁点儿关系，而是藏在蓝色大海的水底，用一根肉茎作为锚链，固定在泥沙上，摄取海水里的养分，静悄悄过着隐士一样的平淡生活。它不知道什么是春天，什么是天空，什么风啊雨的，更加没有展翅飞翔的浪漫经历。古人看花了眼睛，把它误认为是会飞的"小燕子"了。

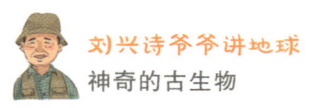

腕足动物

腕足动物都有两个外壳。腹壳大，背壳小，壳顶有一个尖尖的壳喙，壳面的花纹不一样。有的壳鼓得很大，有的不大。有的有铰合线，把两个壳连接在一起；有的没有铰合线，是用肌肉来张开或者关闭两个壳的。

腕足动物是一个庞大的家族，有 2000 多个种类，石燕就是其中的一种。从遥远的寒武纪到现在，有 5 亿多年的家族史。哼哼哼，有些自以为了不起的什么皇家贵族，压根儿就没法和它相比。

你知道吗？

海豆芽

海豆芽是什么？是长在海里的豆芽吗？

不，这也是一种腕足动物，又叫舌形贝。它个儿很小，只有 1 厘米左右，生活在海滨的浅水中。它将身子藏在半透明的壳里，用长长的肉茎固定在泥沙洞穴里，只要发现有一些不妙，立刻就缩回洞里，甚至抛掉肉茎躲起来。原来它是一种水下的穴居小动物哇！

请别小看了它，它也是一种活化石呢！

第八章
了不起的蜻蜓大王

名称：原始蜻蜓

地质时代：石炭纪晚期至二叠纪早期

谁最先飞上蓝色的天空？

是鸟儿吗？

不是。

是神奇的飞龙吗？

也不是的。

告诉你吧，最早飞上天的是原始蜻蜓。

啊，小小的蜻蜓，身子那么脆弱，翅膀那么轻薄，怎么能算是最早的天空征服者？

征服者应该是强大的。即使不算太强，也应该很大。小小的蜻蜓算得了什么，能够赢得这样的桂冠吗？

古生物学家说，为什么不可以呢？存在就说明了一切，有它的遗体做证，就是最好的说明。

蜻蜓化石

　　这是在厚厚的煤层里发现的。一只只原始蜻蜓连同它们薄薄的翅膀，保存得好好的。似乎就是为了保存到今天，给怀疑的人们看的活证据。

　　它们被发现于 2.8 亿年前的石炭纪晚期，比后来的翼龙和始祖鸟早 5000 万年，是名副其实的天空征服者。

　　你猜，这些原始蜻蜓有多大？

　　在法国北部发现的原始蜻蜓，张开的翅膀差不多有 70 厘米宽，几乎和一个孩子伸开手臂的长度一样长。如果叫这个孩子张开双手去抱它，没准儿还抱不住呢！

　　这还不是最大的，还有人找到一只 91 厘米长的特大个儿原始蜻蜓。想一想，这样的蜻蜓多么巨大呀！现在我们熟悉的小蜻蜓，伸出两根手指就能轻轻拈住，压根儿就没法与之相比。

哎呀呀！这哪是什么活生生的蜻蜓，简直就像是一个飞上天的大风筝啊！如果有一个孩子想抓住它，可没有今天在花园里捉蜻蜓那样容易。弄不好的话，没准儿还会被它反咬一口呢！它简直就是蜻蜓大王。

这个蜻蜓大王是什么样子？

和今天的小蜻蜓一样吗？

有些像，也不太像。

我们仔细看这种古老的大蜻蜓，发现它和现代的蜻蜓的确有些不一样。

你看它，有六只翅膀。其中四只大的，两只小的，比现代蜻蜓多两只，结构可复杂了。

再一看，它的四只大翅膀好像固定翼飞机似的，只能平伸在

蜻蜓

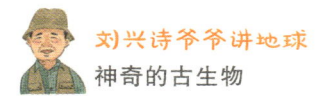
身体两边，不能收拢起来。不用说，它的飞行本领比现代的小蜻蜓差得多。虽然个儿很大，却还不够灵活。似乎不能随意上下扇动，和今天的蜻蜓没法比高低。杜甫在成都郊外草堂故居的田野里，看见的那种"穿花蛱蝶深深见，点水蜻蜓款款飞"，笨拙的原始蜻蜓绝对没法进行这样的精彩表演。

翅膀不能随意扇动，它怎么飞呢？

有人说，不能自由自在飞，就张开翅膀滑翔呗。滑翔机的翅膀也不能上下扇动，不是也可以借助气流飞很远吗？

要滑翔，就得有大翅膀。

那时候，到处都是黑压压的大森林。有的树有三四十米高，几乎和十多层的楼房一样高，树下长满茂盛的羊齿植物。森林中有许多小昆虫，就是这些原始蜻蜓的丰盛食物。它们凭着四只特大的翅膀，在树与树之间短距离滑翔，捕捉别的小昆虫，也够了不起啦！要知道，那是两亿多年前，天空真的是"空"的，空荡荡什么也没有。能有这么一种大蜻蜓飞上天，打破了空中的沉寂，也算是一个了不起的突破呀！

噢，只能简简单单滑翔，似乎也太委屈它了。毕竟这是天空的首位征服者，好像哥伦布发现新大陆一样，具有划时代的意义。虽然很原始，可也不是太落后。

原始蜻蜓只能滑翔的理论流传了很久，后来有一位航空工程师站出来说话了。他仔细研究了这些原始蜻蜓的翅膀结构，发现了一个秘密。想不到它的翅膀也有现代蜻蜓的褶皱结构，这种特殊的翅膀居然还能摆动、弯曲和扭转，这就可以像真正的飞机一样飞了。原始蜻蜓有了这样的飞行本领，就可以飞得更高更远，并不仅仅像鼯鼠一样张开皮膜翅膀，在树枝之间简单滑翔了。也许不会飞得太快，却总还是能在天上飞的。

这两种说法，究竟谁对谁错，还得进一步研究。不过至少说明了一个事实：原始蜻蜓的飞行本领不是那么简单，还有更加灵活的可能性。这也表明了，任何科学研究不能太单一。因为学科之间有千丝万缕的关系，还得从不同的角度共同研究才好。太专的专家不一定最好，我们研究问题需要真正认识全面的博士和大师，或者不同专业人才的共同配合。

飞呀，飞呀，了不起的原始蜻蜓。随着环境的变化，以后身子越来越小，越来越轻灵。经过亿万年的演变，才逐渐成为今天用一根细线也能承载的小蜻蜓。

飞吧，飞吧，巨大的原始蜻蜓。你是真正的天空发现者，原始时期的天空哥伦布。

哥伦布发现美洲算什么，你可是发现了整个天空！

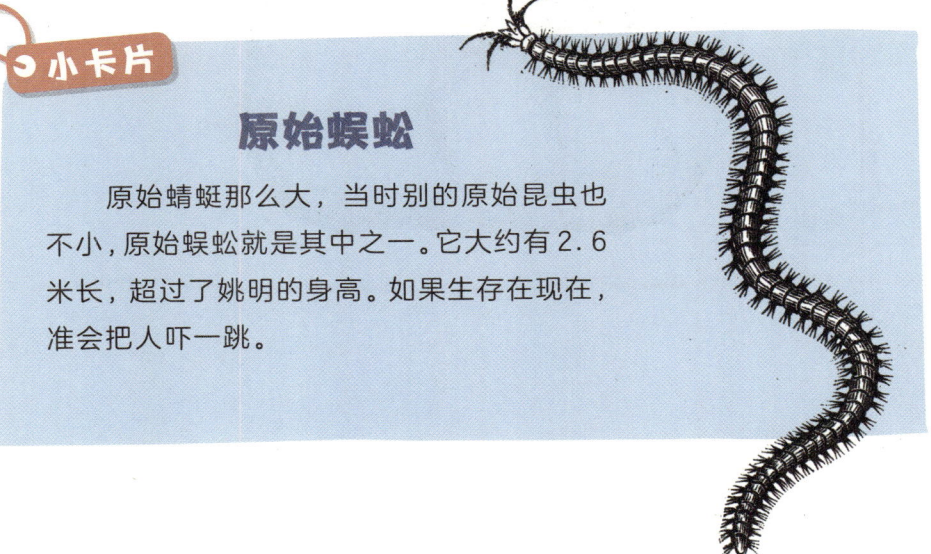

小卡片

原始蜈蚣

原始蜻蜓那么大，当时别的原始昆虫也不小，原始蜈蚣就是其中之一。它大约有2.6米长，超过了姚明的身高。如果生存在现在，准会把人吓一跳。

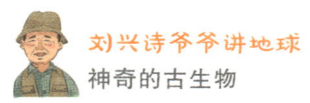

你知道吗？

为什么原始蜻蜓有那么大

科学家说，这是因为当时大气层里的氧气特别丰富，浓度达到了35%，远远高于现今的情况。包括原始蜻蜓在内的许多节肢动物，可以通过身上的微型气管直接吸收氧气，而不是通过血液间接吸氧。所以，空气中高的氧气含量有可能使一些昆虫朝大个子的方向进化。

石炭纪的蜻蜓

第九章
穿"铠甲"的鱼武士

名称：甲胄鱼

地质时代：奥陶纪至泥盆纪

在遥远的奥陶纪，当三叶虫和笔石还在大海里纵情遨游的时候，水中悄然出现了一些穿"铠甲"的鱼武士。

请看，它们披着一块块坚硬的骨板，威风凛凛地冲涛破浪，难道不像是一群剽悍的古代武士吗？

噢，这是什么鱼？怎么这样怪里怪气的？

这是有名的甲胄鱼，是现代各种各样鱼儿的老祖宗。我们的祖先就是披着铠甲上阵的，为什么鱼的祖宗不能披着铠甲呢？

古代武士有头盔、胸

甲胄鱼

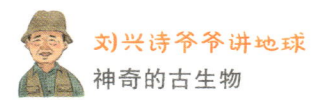

沟鳞鱼——盾皮鱼
的一种

甲、膝甲等，甲胄鱼也是一样的。根据"铠甲"的位置，可以将甲胄鱼分为头甲鱼、鳍甲鱼、盾皮鱼等。想不到我们熟悉的鱼儿，就是以这种令人望而生畏的面目走上历史舞台的。

瞧着这些古怪的鱼，人们不禁会问，为什么它们穿着坚硬的"铠甲"？其实这些"铠甲"只是一片片骨板，包裹在它们身体的外面，透过动荡不息的水波看去，就像是真正的铠甲了。

是呀！是呀！乌龟可以这样，为什么鱼不能这个样儿？

是呀！是呀！坦克可以这样，为什么鱼不能这个样儿？

说得对！大家都用坚硬的骨板或者钢板包住，就不怕外来者的攻击了。

话又说回来，那时候鱼龙、大鲨鱼什么的都还没有出世，它们就是大海的主人，除了同类相残，还会怕谁呢？

甲胄鱼的种类很多，让我们仔细看看其中一种头甲鱼吧。

什么是"头甲"，这不就是脑袋上戴着钢盔吗？今天世界各国的士兵，都有自己的钢盔，有什么好稀奇的。

它的钢盔与众不同，不是只戴在头顶，露出整个面孔和下巴，而是紧紧包裹住整个脑袋，不留半点儿缝隙。两只朝天的眼睛挨靠在一起长在骨板上，呆直直瞪着头顶的海水，搜寻从上面游过的倒霉猎物。它的两眼中间裂开一条长长的鼻缝，就算是"鼻子"了。它的嘴巴长在肚子下面，周围有十几对细小的鳃孔。这就是呼吸器官，也可以在吞咽食物的时候，过滤夹杂在里面的泥沙。最奇怪的是在头甲两边，还有一对非常厉害的发电器。不消说，这也是一种特殊的武器。在原始时代的海洋里，可算是武装到牙齿的武士了。别瞧它的个儿不大，一般只有 20 厘米长，却是当时名副其实的海中霸王。

最大、最凶猛的甲胄鱼，是泥盆纪的恐鱼。

哎呀呀！听着这个名字，不禁就会想起后来称霸世界的恐龙。一个是鱼，一个叫龙，都同样厉害。

不消说，恐鱼的个儿都很大，一般都有好几米长，其中最大的可以达到十几米，脑袋也有 3 米多长，不亚于今天海洋里的鲸了。当它在水里张开大嘴巴，不管什么东西都可以一股脑儿吞进肚子。谁遇到它，都没有好果子吃。

甲胄鱼虽然很厉害，却是一个傻乎乎的家伙。它满足于无敌霸王的地位，根本就不懂军备竞赛这一套，不知道改进自己的装备。时间过了上亿年，身体几乎没有什么大的改进。尽管身边没有对手，却不明白冥冥中还有一个更加厉害的对手，谁忽视了它，就会被

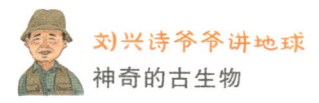
无情地淘汰。

那不是看得见、摸得着的东西，而是无形的环境。当它正得意扬扬，享受着霸王生涯的时候，整个地球的环境悄悄发生了变化。这些周身披挂着沉重"铠甲"的鱼武士应付不了，只好退出了历史舞台。

新的一代鱼类出现了。它们的身体变成流线型，长出成对的胸鳍和腹鳍，游泳更加方便了。这些新出现的鱼儿有了双鼻孔，呼吸得更加舒畅。嘴巴上长出上下颚，捕食和咀嚼都更加方便。

甲胄鱼的悲剧告诉人们一个非常重要的道理：安于现状，不思进取，绝对没有好下场。

小知识

石鱼山

南北朝时期，著名地理学家郦道元在《水经注》中有如下记载："涟水东入湘乡，历经石鱼山。山高数十丈，广十里。山下多元石，色黑而理若云母。凿开一层，辄有鱼形，鳞鳍首尾，宛若刻画。长数寸，鱼形备足。烧之作鱼膏腥，因以名之。"

他说的这个石鱼山，在湖南湘潭湘乡市境内，又叫作石鱼屏，有"石鱼彭蠡"的美称，是湘乡八景之一。

唐朝学者段成式在《酉阳杂俎》中也记述说："衡阳湘乡县有石鱼山，山石色黑，理若生雌黄。开发一重，辄有鱼形。鳞鳍首尾有若画，长数寸，烧之作鱼腥。"

类似的记载在别的古书中还很多，表明这儿盛产鱼化石。

第十章
爬上陆地的鱼

名称：总鳍鱼

地质时代：泥盆纪至现代

爬呀、爬呀，一条鱼好不容易爬上了岸。

哈哈！哈哈！鱼也能爬，居然还能爬上岸吗？

鱼没有脚，怎么爬？

俗话说，鱼儿离不开水。它怎么能离开了水，稀里糊涂地爬上岸？

哈哈！哈哈！这真是天大的怪事。不是瞎编乱造的，就是说梦话。

哼哼！哼哼！世界上哪有这样的傻鱼，岂不是自己找死吗？

不！不！不！信不信由你，这可是真实的事情。

这事发生在 3.5 亿年前的古生代泥盆纪，千真万确演了这一出鱼儿登陆的神奇剧目。

不，不是一条鱼这么干，显示孤胆英雄似的气派，挑战生存

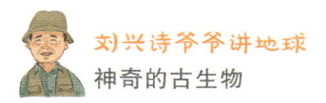
的极限，而是整整一群鱼、一个族类的整体行动。这不是简单的个例，值得我们注意了。

这不是出风头，这是逼上梁山。

这不是喜剧、闹剧，这是悲剧。想不到最后居然乐极生悲，否极泰来，演绎出一个惊险离奇的故事，你我都得到大大的好处。

呵呵，越说越邪门了。鱼爬上岸，对我们有什么好处？是不是鱼儿自己爬到厨房门口，乖乖做了我们的盘中餐？

这事说来话长。请耐住性子，听我最后再说清楚吧。

请问，这是什么鱼，胆子这么大？

记住啦！这就是地球历史中鼎鼎有名的总鳍鱼，是从海洋到陆地的开路先锋。

有人说，这是凶恶敌人逼迫的结果。

凶狠的敌人越来越多，一不留神就会成为别人的早餐，大海里实在活不下去了。与其落得这样的下场，还不如自寻出路，换一个环境试一试。俗话说，惹不起，躲得起嘛。怎么都是死，不如挑一个另外的死法。万一侥幸过了关，还不一定就死呢。

关于总鳍鱼上岸，还有另一个更加重要的原因——并不完全是敌人的逼迫，而是大自然老人家用无情的鞭子驱赶的结果。

作为古气候的研究者，我相信这样的设想。因为敌害总是可以想办法躲避的。大海那么宽阔，难道找不到一个角落避难吗？即使敌人在后面追赶，前面也总还有广阔的出路嘛。你抓住一条两条，总还有许许多多逃生。再说了，你抓得多，我生得多。还可以依赖大量繁殖的办法，维持种群的存在。可是气候环境变化就不一样了。环境一旦发生天翻地覆的剧烈变化，就找不到一个角落可以逃生。

唉，这真是狗急跳墙的一个活生生的翻版哪！人不被逼到绝路不会冒险，鱼不被逼到绝路也不会冒这样大的险。

得了，不管怎么说，总鳍鱼就是在那个时候爬上了岸，成为了不起的开路先锋，揭开了生物历史中最重要的一幕。

请看，在一个干涸的河滩上，有一条怪模怪样的鱼儿在用力挣扎着。它有两个背鳍，拖着一条长长的尾巴，正费尽气力支撑起胸鳍和腹鳍，在泥地上慢慢爬行着。每移动一步，都要张开嘴巴不住喘气，真是困难极了。

这是在死亡线上的挣扎，它不得不拼命往前爬呀。因为小河干涸了，河底几乎没有一滴水了。如果不赶快爬上陆地，找到另一个新的有水的地方，就只有死路一条。它可不是为了日光浴才爬到岸上来享受一下的。鱼儿没有水，就只有死路一条了。

噢，明白了，总鳍鱼是被环境的鞭子驱赶着上岸的。由于当时栖身的河流干涸了，不得不拼死挣扎，冒着危险去寻找另一个

可以生存的水域。

总鳍鱼在抛弃干涸的水域，爬上陆地寻找新的居留地的过程中，可以想象必定有许多在爬行中干渴死了，却总有一些幸运儿最终取得了胜利。它们可能并没有如愿找到新的水域，一代代倒了下去，但它们却并没有停止这样的尝试。

一代又一代总鳍鱼上岸爬行，经过无数世代牺牲以后，逐渐改变了自己的身体结构，生长出适合在陆地生活的器官，演变成两栖动物了。

它们的腹鳍里长出了强壮的肢骨，可以像脚一样爬行。脑袋上长出了鼻孔，可以呼吸空气，使自己离开了水也能活下去。顽强的总鳍鱼终于适应了陆地上的生活环境。

总鳍鱼上岸是一件了不起的大事。说起来多亏了当时的环境大变化，逼迫它爬上陆地，才开创了一个新纪元，以后逐渐产生了包括咱们人类在内的各种各样的陆地动物，使生命的种子传播到广阔的陆地上。说起来，它可以算得上是陆地上所有的脊椎动物的老祖宗，应该好好给它颁发一个大奖章才对。

 小知识

现代总鳍鱼

古生物学家原来以为总鳍鱼在 7000 多万年前的白垩纪就灭绝了，想不到 1938 年在非洲东南部的印度洋科摩罗群岛附近，竟捞起了一条活蹦乱跳的总鳍鱼的亲戚，同样属于空棘鱼类的矛尾鱼，又叫拉蒂迈鱼，一下子轰动了世界，让人们眼前一亮。

哎呀！原来它还是一种生活在深海里的活化石呢！

你知道吗？

一些海洋活化石名单

除了总鳍鱼，大海里还有活化石吗？

有的！藏在大海水波下面，还有一些活化石呢。别瞧它们的个儿很小，看上去很不起眼，却也是从遥远的地质时期保存下来的活化石。

海绵：从5亿多年前的前寒武纪直到现在。

海豆芽：从4.4亿年前的奥陶纪保存到现在。

海胆：从4.4亿年前的奥陶纪保存到现在。

海百合：从4.4亿年前的奥陶纪保存到现在。

鲎：从3.5亿年前的泥盆纪保存到现在。

够啦，只消举出这些例子，就能够说明深深的大海里还存在着许多古老的活化石。有的我们习以为常，有的猛一看见会大吃一惊。大海啊，还会给我们什么惊奇呢？

当然，也得说明一下。这些古老的活化石保留到今天，已经大大改变了自己。如果上亿年前的生命直到现在还是老样子，岂不是怪事？

小卡片

总鳍鱼的补充材料

总鳍鱼并不是一种鱼，而是硬骨鱼纲，是总鳍亚纲的许多化石种类的总称。最早出现在古生代泥盆纪，曾经有一个种类繁多、分布广泛的繁荣阶段，直到中生代的白垩纪才逐渐灭绝。其中包括长期以来被认为是四足动物祖先的骨鳞鱼。

仔细看，总鳍鱼的胸鳍和腹鳍的骨骼排列方式和青蛙的肢骨基本相同。有了这种强有力的鳍，就能支撑起身体，在陆地上爬行了。

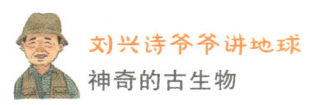

小知识

中华鲟

生活在淡水里的中华鲟也是珍贵的活化石，被称为"水中大熊猫"，也是国宝级的保护动物。

鲟鱼起源于一亿年前的中生代，也是一种古老的脊椎动物。中华鲟的寿命很长，可以活一两百年。一般有三四米长，体重可以达到 500 千克。鲟鱼体内除头部有数块硬骨外，脊椎骨和颧骨统统都是软骨，全身没有"刺"。它的吻尖突出，身体呈椭圆筒形。它口前有触须，可以用来搜寻水里的食物。

近年来，长江里的中华鲟面临灭绝的危险。赶快行动起来，好好保护这种和大熊猫一样重要的活化石吧！

中华鲟

第十一章
拖着鱼尾巴的"蜥蜴"

名称：鱼石螈

地质时代：泥盆纪晚期

这是什么鱼？

怎么长着蜥蜴的身子，还伸出四只脚？

是呀！是呀！这的确是一个怪物。似乎为了证明自己不是鱼，它还迈着四条短短的腿儿，在地上艰难地爬来爬去呢。

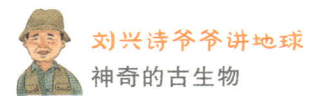
鱼没有脚，也不会爬，这当然不是鱼啰。

这是什么蜥蜴，怎么拖着一条鱼尾巴？

是呀！是呀！这的确是一个怪物。好像为了表明自己和鱼有关系，它还生长着和鱼一样的鳃盖，身子也是侧而扁的，身上还覆盖了许多细细的鳞片呢。

蜥蜴没有鳃和鱼鳞，这当然也不是蜥蜴了。

这到底是鱼，还是蜥蜴？大自然怎么创造出这么奇怪的一个东西。没准儿是废品。要不，就是一种新产品。说对了，这就是一种划时代的新产品。

它生存在 3.5 亿年前的泥盆纪晚期，是一种介于鱼和两栖动物之间的过渡类型。

说得更加确切些，它比最早的鱼类晚，比最早的两栖动物早。它是从原始鱼类进一步发展，刚刚爬上陆地不久，最最原始的两

火蜥蜴化石

栖动物。这当然是大自然安排的一种"新产品"啰！

这到底是什么动物？

古生物学家说，它的名字叫作鱼石螈。

请注意，在这个名字里，有"鱼"，有"螈"，还有"石"。"鱼"不用说了。说起"螈"，就会联想起别名火蜥蜴的蝾螈。"石"和"螈"联系在一起，那就是在石头堆里爬来爬去的一种蜥蜴了。再想一下，似乎也能勉强和化石沾一点儿边。

说对了，鱼石螈就是这么一个玩意儿。古生物学家认为它是从一种提塔利克鱼进化而来的，和总鳍鱼有些相似。它的身子大约有 1 米长，有鱼类也有两栖类的特性，能够用肺直接吸取氧气。猛一看，好像是一条长了脚的现代鲇鱼。有趣的是，它不是 5 个脚趾，而是 7 个脚趾，你说稀奇不稀奇？

鱼石螈是陆地动物的先锋。如果你知道了总鳍鱼，就明白鱼石螈是怎么一回事儿了。

那时候，由于强烈的地壳运动，陆地面积扩大，气候也变得非常干燥。河湖干涸造成成批成批的鱼类死亡，几乎达到绝种的地步。为了求得生存，有的鱼用力挣扎着爬上岸，成为第一批两栖动物。鱼石螈就是这样的登陆先锋。它接过了总鳍鱼传递的生命接力棒，比总鳍鱼更加进步，因为它已经完全适应了新的生活环境，宣告了动物世界一个崭新时代的来临。

鱼石螈发现记

　　1929 年，一位瑞典地质学家在冰封的格陵兰岛考察，发现了一些脊椎动物化石，其中就包括鱼石螈。人们对鱼石螈产生了很大的兴趣，由于它有四只脚，有人昵称它为"四足鱼"。后来在西欧、澳大利亚、中国和北美其他地方也发现了类似的化石，标本越来越多。经过科学家们反复研究，终于给它最后定性：属于脊索动物门、四足总纲。后又专门给它开辟了一个鱼石螈目、鱼石螈科、鱼石螈属，可算是特殊又特殊的了。

　　它的身体有鱼类和两栖类的双重特征，只不过是一种向两栖动物过渡的先锋，还不是真正的两栖动物。这也是需要给大家说清楚的。

　　过渡就过渡吧，生命发展史中就得有这样的过渡英雄。

波兰邮票上的鱼石螈

第十二章
装腔作势的二齿兽

名称：二齿兽

地质时代：二叠纪末至三叠纪

从前，地球上有一种奇怪的动物，如果谁遇见它，准会吓一大跳，心里直纳闷，这是什么古怪的玩意儿？

你看它，身子胖嘟嘟的，活像是一只大肥猪，更像是一个大啤酒桶。

你看它，尾巴很短，没有脖子，怪里怪气比猪还难看。

你看它，四条腿很粗、很短，活像是四根粗壮的木头桩子，支撑起肥胖的身体。

你看它，张开大嘴巴，从上颚骨伸出一对很大很大的牙齿，一副凶神恶煞的样子，叫人好害怕。

喂，朋友，如果你在山野里迎面撞见它，会不会吓得转身就跑，大喊救命？

哈哈哈！放心吧，这是生活在 2.3 亿年前古生代二叠纪末期的

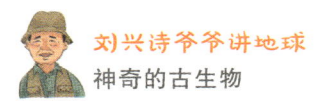

二齿兽。它比恐龙还高一个辈分，那时压根儿就没有人类的影子。除了在科幻电影中，否则你绝对不会遇见它，有什么好怕的？

再说了，它那一对大牙齿，似乎是用来作为装饰的，没有太大的实际用途。

不信，扳开它的嘴巴看，除了上面两颗大牙齿，上下颚骨都是光秃秃的，再也没有别的对应的下牙了。如果它想咬谁，还没有牙齿咬呢。

呵呵呵，原来这是一只不折不扣的"纸老虎"。除了一些胆小鬼，谁也不会怕它。

说了老半天，它到底叫什么名字？

因为它有两颗引人注目的大牙齿，古生物学家就叫它二齿兽。

其实，这是一种爬行动物，根本就不是我们熟悉的"兽"。

二齿兽

把它叫作"兽"，是一个天大的误会。

它的个头儿有大有小。虽然大的和牛一样大，小的却只有老鼠那么小。牛一样大的怪兽固然可怕，小老鼠一样大的怪兽就没有什么好怕的了，是不是？

二齿兽不咬人，吃什么东西呢？

古生物学家说，这是一种吃草的似哺乳爬行动物，有时候也抓一些小小的昆虫来填肚子。

哦，吃草。吃草也得要有牙齿呀！没有牙齿怎么吃东西呢？难道生吞活剥不成？是不是化石太少，研究得还不够清楚，留下一个难解的谜？

那两颗大牙齿是做什么用的呢？

这已经有结论了。原来当时的气候非常炎热，这牙齿是用来挖洞的特殊工具。藏在比较凉爽的洞里，避免火辣辣的毒日头暴晒，防备肉食动物的进攻，也是一个不错的办法。

哈哈哈！这是一个"胖工兵"啊！

请注意，这是似哺乳动物，不是真正的哺乳动物。这是爬行动物，根本就不是"兽"。它的脾气很好，不会伤害别人，看样子是一个难得的好好先生。

 小卡片

水龙兽

水龙兽是二齿兽的亲戚，与二齿兽生活在同一个时代。外貌和生活习性也差不了多少，大脑袋、短脖子，腰身像水桶，也靠吃草、抓小虫子过日子。有人说，它可以钻进水里，所以叫作水

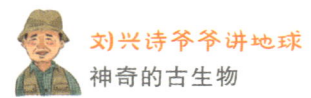

龙兽。有的科学家又认为这纯属误会，它只能住在陆地上。到底怎么样？让他们慢慢研究吧。

这种动物生活在大约两亿年前的三叠纪初期，分布非常广泛，包括南非、印度、南极大陆，以及中国的新疆。各处发现的化石非常相似，都属于同一个属，有的甚至还是同种呢！这表明当时这些地方连成一片，后来由于大陆漂移才分开的。

猛一看，它似乎很不起眼，可是傻人有傻福。在二叠纪末，地球上发生了一次生物大灭绝，95% 的生物都在一系列火山爆发中消失了。可是它却幸存下来，几乎独自享受丰富的植物，度过了至少 100 万年没有任何天敌的"水龙兽时代"。想一想，100 万年是什么概念，别说春秋战国以来的秦、汉、三国、南北朝和唐、宋、元、明、清，就是整个人类出现也不过两三百万年嘛。这个傻乎乎的水龙兽，可真有福气呀！

水龙兽头骨

第十三章
夹在岩石书页里的青蛙

名称：玄武蛙

地质时代：新第三纪中新世

有一个夏天的夜晚，南宋词人辛弃疾外出旅行，在一首《西江月》词中，描写眼前的夜色说：

明月别枝惊鹊，清风半夜鸣蝉。

稻花香里说丰年，听取蛙声一片。

七八个星天外，两三点雨山前。

旧时茅店社林边，路转溪头忽见。

"呱、呱、呱……"好一个"听取蛙声一片"，把青蛙的活动描写得活灵活现。

唐代大文学家韩愈，也有两句青蛙诗：

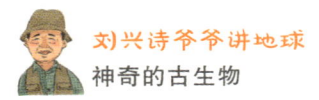
一夜青蛙鸣到晓，

恰如方口钓鱼时。

"呱、呱、呱……"青蛙一夜叫到天亮，好像活生生就在眼前。

哦，青蛙，我们再熟悉不过了。小孩子也知道，青蛙生活在池塘里、水田里……不管怎么说，总是生活在水里，或者靠近陆地的水边。

信不信由你，有一只奇怪的青蛙藏在一摞奇异的"书页"里，好不容易才被人们发现。

嘻嘻，别骗人了。青蛙不是书签，怎么会夹在"书页"中间？

这是一本什么书？是《哈利·波特》那样的魔法书吗？

不是的。这不是一本真正的书，不是普通的"书页"，而是一层层薄薄的古老岩层。我们要说的这只青蛙，就夹藏在这本"书"中，很薄、很薄的岩层里面。

这本"石头书"在山东省临朐（qú）县山旺这个地方，时代非常古老。根据地质学家的鉴定，属于新第三纪中新世时期，距今大约1200万年。其中，除了这只奇怪的青蛙，还有许多别的化石。包括各种各样的古生物化石十几个门类600多属种，共上万件之多，简直就是一个内容丰富的化石库。

哎呀呀！上千万年的青蛙，比人类还古老哇！

生物学家说，这可不是韩愈、辛弃疾诗词中描述的那些"呱、呱、呱"叫一个夜晚的普通青蛙，是所有青蛙的老祖宗，沉睡了上千万年的蛙。于是就给它取一个名字叫作玄武蛙。

瞧着这只古老的青蛙，人们不禁会问：为什么它生存在这儿？难道这里与众不同，有什么特殊的原因吗？

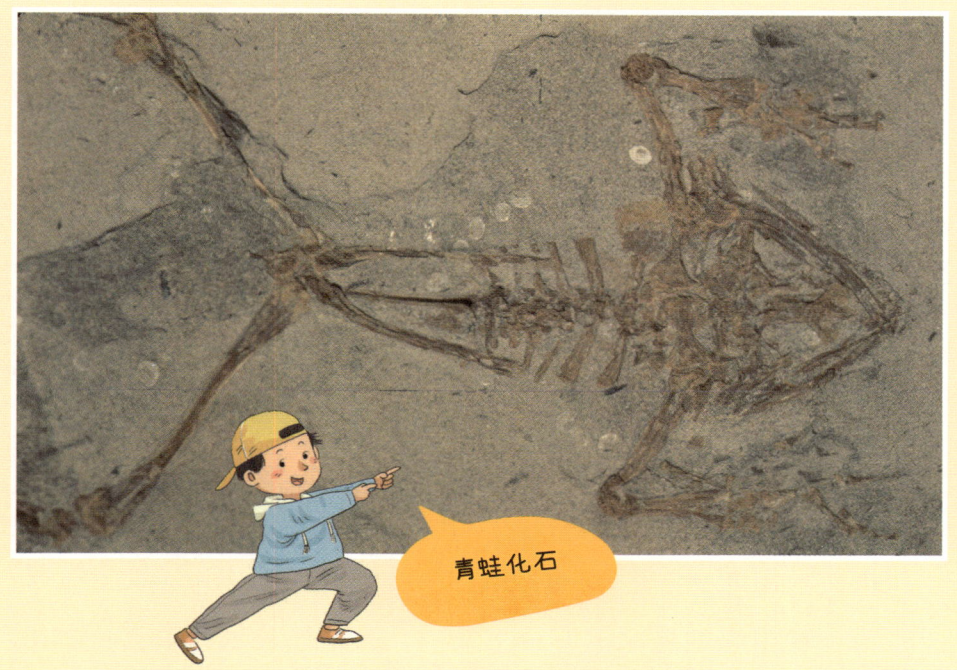

青蛙化石

是的，经过仔细研究，很快就揭开了这儿的秘密。原来当时这儿是一片湖泊，气候非常温暖潮湿。水里生长着许多硅藻，岸边布满了亚热带森林，是野生动物生活的乐园。一些动物陷进泥潭里，没法挣脱身子，活生生成为沼泽的俘虏。有的动物死后沉下水底，遗体越堆越多，逐渐积累成为珍贵的化石。经过长期演变，湖泥变成了硅藻土页岩。一层层薄薄的岩层，重重叠叠堆积在一起，就像是一本奇异的"大书"了。当地人给它取了一个恰如其分的名字，叫作"万卷书"。

这是一本了不起的"原始历史书"，翻开每一页，都有非常精彩的"插图"。

噢，那不是一般的图画，而是一个个真实的古动物标本。其中有鹿、獏、犀牛等大型动物，也有蝙蝠的翼膜、蜻蜓的翅膀、蜘蛛脚上的细毛、老鼠的胡须，以及蝌蚪、蝾螈等许多水生动物。

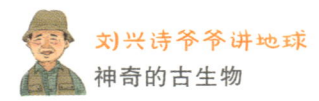
真是应有尽有，难怪被人们称为"天然化石博物馆"呢！

那只特别引人注意的玄武蛙也在这儿。它长着三角形的脑袋，张开两条大腿，前脚撑起，做出一副想往前用力一跳的样子，似乎它在岩石"书页"里住得太久，想用力一跳，从远古的历史里蹦出来，跳到我们面前似的。

它，就是鼎鼎大名的玄武蛙。它的外形已经和现在的青蛙们没什么差别了。如果这位青蛙爷爷真的苏醒过来，跳进池塘和别的青蛙混在一起，一起大声"呱、呱、呱"唱着传统的夜歌，韩愈、辛弃疾必定也没法分辨出来，把它也写进"蛙声一片"之中，谁能认出这是一只 1200 万年前的青蛙爷爷呢？

话说到这里，没准儿有人会问：这里只有这一只青蛙爷爷吗？

不，在山旺地区的"万卷书"中，人们还找到了许多蝌蚪和别的青蛙，证明那时候蛙类已经非常繁荣了。

玄武蛙的家谱

玄武蛙属于脊椎动物门、两栖纲、无尾目、蛙科的蛙属。

最早的三叠蛙

"山旺湖"里尽管有古老的玄武蛙，却还不是最早的青蛙。古生物学家在非洲的马达加斯加岛上，还找到了两亿多年前的三叠纪初期更加古老的青蛙化石，取名叫作三叠蛙。它和恐龙生活在同一个时代，却比恐龙幸运得多。它一代代遗传下来，经过了后来的玄武蛙阶段，一直演变成今天可爱的青蛙。它张开大嘴巴"呱、呱、呱"叫着，变成了韩愈、辛弃疾诗中一夜歌唱到天亮的青蛙歌手。

山旺"万卷书"之谜

山东省临朐县山旺地区的这个"万卷书"，其实当地人早就知道了。根据1935年出版的《临朐续志》记载，这里的"尧山东麓有巨涧。涧边露出矿物，其质非石非土，平整洁白，层层成片。揭视之，内有黑色花纹。虫者、鱼者、鸟者、兽者……花卉者，不一其状，俗称'万卷书'，唯干则碎裂，不能久存。"

这个一层层很薄很薄，不是石头，也不是泥土，一干就粉碎破裂的白色堆积物是什么？

那些虫、鱼、鸟、兽、花卉是什么？

"万卷书"到底是什么东西？

所有的这一切秘密，都等待着科学家来看一看才能下结论。

消息传出去，著名古生物学家杨钟健立刻前来山旺考察。这才弄明白，原来这儿是一个远古湖泊。那些薄薄的一层层灰白色堆积物，是古代硅藻土形成的特殊硅藻页岩。仅仅 1 厘米厚的化石，就包含了四五十层。其中有许多昆虫、蝌蚪、鱼、蛙和树叶、花瓣的化石。杨钟健发表了论文，1937 年再来进一步考察，又发现了哺乳动物的化石。山旺"万卷书"的名声立刻传遍世界。

这里的发现实在太重要了。1980 年，国务院决定在这里设立国家重点自然保护区。

恐龙时代

恐龙啊恐龙，一个神秘的庞大物种，人们对它充满了好奇。它最早出现在 2 亿 3000 万年前的三叠纪，灭亡于约 6500 万年前白垩纪晚期，曾称霸地球达 1 亿 6000 万年之久。

恐龙啊恐龙，你是怎样产生的？又是怎样灭亡的？

恐龙啊恐龙，你到底有多少个种类？在你所处的时代到底发生了哪些悲壮故事？

第十四章
不是鱼的鱼龙

名称：鱼龙

地质时代：三叠纪至白垩纪

常言道，神龙见首不见尾。龙啊龙，真神秘极了。

请问，谁见过龙？

人人都崇拜龙，可是谁也没有见过这种神秘的动物。好像大家都敬仰救苦救难的观世音菩萨，却没有一个人见过她的真容一样。

龙到底藏在哪儿？

俗话说，龙从水。

是呀！是呀！因为龙和水分不开，所以就有了四海龙王的概念，有了挥舞着龙灯求雨的古老习俗，也有了龙鱼不可分的认识。水不在深，有龙则灵。

你看，杜甫的诗中，就有"水落鱼龙夜，山空鸟鼠秋""鱼龙寂寞秋江冷"等句子。

另一个唐朝诗人也有"水月通禅寂，鱼龙听梵声"的名句。

南宋词人辛弃疾，在一首《水龙吟·过南剑双溪楼》的词中，刻画得更加生动：

待燃犀下看，

凭栏却怕，

风雷怒，鱼龙惨。

他在另一首《青玉案·元夕》中，还描写说：

宝马雕车香满路。

凤箫声动，

玉壶光转，

一夜鱼龙舞。

瞧哇，诗中的一个个鱼龙形象，被描写得活灵活现的。鱼龙、鱼龙，到底有，还是没有？到底是藏在我们的身边，还是另一个不可触摸的世界？

龙啊龙，真是神秘得不见首尾呀！

文学家说，鱼龙是一种想象的物体，浪漫主义的结晶。浪漫就是另一种存在，何必挖根刨底？简直多管闲事，扫了诗人的雅兴。

历史学家说，鱼龙只见于野史故事，正史没有记载。姑妄听之可以，太认真就不成了。

三家村冬烘老夫子正襟危坐说，子不语乱力怪神。鱼龙这个玩意儿，也是子不语的东西，休要乱了规矩。

地质学家说，鱼龙就是一种水生的恐龙，生活在中生代，曾

鱼龙化石

经统治当时的海洋，有化石可以做证。

哼哼哼，你说什么浪漫主义，正史、野史、子不语的道德规范，七嘴八舌似乎都自成一统。我们这里有实实在在的化石，就是最好的证据。信不信是你的事儿，地球可不因为你不相信就不转动就没有这一段历史。

请听，一段早已湮灭的鱼龙的历史吧。

那是遥远的古生代刚刚结束，中生代才开始的三叠纪，世界大洋里这种神秘的"海龙王"出现了。论起资格来说，它比后面要说的侏罗纪时期的一些陆地大霸王——许多威风凛凛的恐龙还早呢，应该算是恐龙世界的老前辈了。

鱼龙最早出现在大约 2.5 亿年前，比陆地上最早的恐龙稍微早一些。

喂，你知道这"一些"，到底有多长吗？

古生物学家不动声色，淡淡地说，不过是 9000 万年罢了。

听清楚了吗？不是 9000 年、900 年、90 年，更不是区区的 9 年。

哎呀呀！9000 万年前，别说是人类，连猴子、大象、狮子、老虎在内，所有的哺乳动物都没有出现，谈得上什么历史和文明的进程？

想一想，鱼龙比陆地上别的恐龙早出现这么长的时间，该是什么样的概念？

再想一想，为什么它比一般的恐龙早得多？

古生物学家说，这是环境决定的结果。经过了古生代末期，二叠纪大冰期以及大陆漂移的影响，暴露在地表的陆地环境发生了天翻地覆的变化，原来一些陆地动物不是灭绝，就是逐渐演化来适应新的环境。其中有一些实在受不了的，只好退回水里，寻找新的出路了。

俗话说，识时务者为俊杰。鱼龙就是这样识时务的俊杰。它以退为进，在大海开辟了广阔的新天地，成为不折不扣的一代海洋霸王。

为了适应水里的生活，它的形态和陆地恐龙大不相同，也不同于比较早的海生幻龙。

你看，它的身体已经演化成流线型，四肢从最初的鳍状肢，逐渐演化成为前鳍和后鳍。它伸出又长又尖的嘴巴，长满锋利的锥状牙齿，用来捕食猎物、咬碎坚硬的贝壳。猛一看，似乎和海豚一模一样，不过个儿却大得多，它可以达到 10 米至 15 米长。在南美洲甚至发现了 21 米长的骨骼化石，可以和今天的巨鲸相比。

鱼龙啊，鱼龙，真了不起！如果辛弃疾再"待燃犀下看"，它可一点儿也不惨。

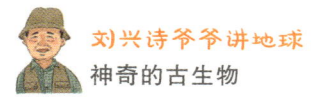

幻　龙

　　幻龙是和鱼龙大致同一个时期的另一个"海龙王"。和鱼龙不同的是，它还保留着发达的四肢，可能会爬上岸捕食、产卵，该算是一种两栖的龙了。它的体形大小也有很大的差别，最大的有 6 米长，最小的只有 36 厘米。它长着长脖子、长尾巴，大大的嘴巴里排列着锋利的牙齿，看起来也很厉害呢！

幻龙化石

第十五章
尼斯湖怪的嫌犯

名称：蛇颈龙

地质时代：三叠纪至白垩纪

呵呵，尼斯湖怪，满世界闹得沸沸扬扬的，谁不知道这个玩意儿。

蛇颈龙

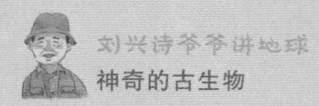

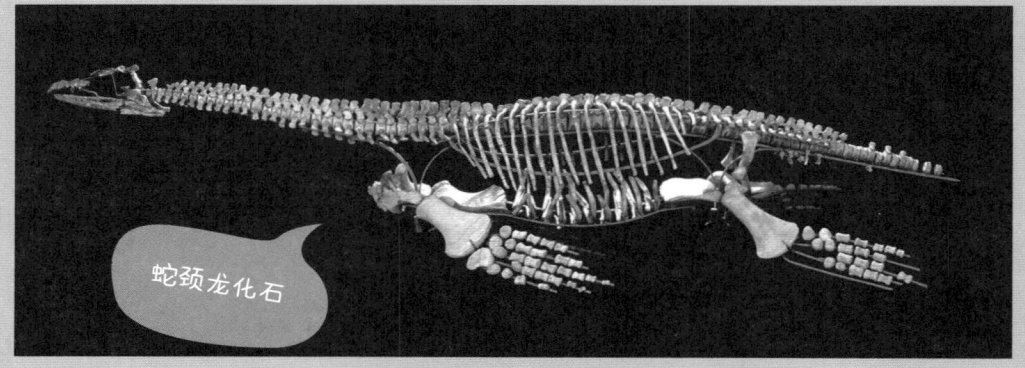

蛇颈龙化石

据说，在苏格兰北部的尼斯湖里，钻出一个古怪的水怪。它的个儿大得惊人，长着一个长长的脖子，伸出小小的脑袋，在水波里时隐时现，把人们糊弄得傻乎乎的，惊奇得不得了。

这是真的吗？

人们说，当然是真的。尽管神龙见首不见尾，却有许多人目睹它的身影。

有人一本正经宣布，看见了它的背脊；有人补充说，瞧见了它的脖子、脑袋；还有人说，连它那船桨一样划水的四肢也看得清清楚楚。所有的印象拼凑在一起，就勾画出一幅完整的图像。

哎呀呀！想不到这竟是一只活生生的蛇颈龙呀！

蛇颈龙生活在中生代开始的三叠纪，到这个时代结束的白垩纪，是和陆地上的恐龙同时代的古老动物。在白垩纪晚期达到顶峰，几乎全世界所有的海洋和一些湖泊中，都有它的踪迹，但是现在早就灭绝得一干二净了。如今忽然在这儿冒出一个，无拘无束地展示出身影，面对无数望远镜、照相机、摄影机、声呐定位仪等各种各样仪器的搜寻，演绎出一段段离奇的故事，岂不是比《侏罗纪公园》还更加"侏罗纪公园"的一个现代神话？

热衷于这个现代神话的人，编造了无数荒诞的谣言，提出许许多多"证据"，用这些似是而非的东西欺哄自己，蒙骗整个世界。

有人信誓旦旦地宣布自己是目睹者；有人用石膏制作脚印模型，偷偷印盖在湖边的小路上，声称这是"湖怪"上陆地散步留下的；有人甚至用洗衣机排水管、泡沫塑料桶拼凑在一起，拍摄了一张假照片，投送到报社后，产生了意想不到的轰动效应，使得这个普通的地方一下子蜚声全球，几乎家喻户晓。真是花样百出，无奇不有。

不消说，这样的奇闻吸引了无数好奇心强的游客，一批批蜂拥而至，繁荣了当地的旅游经济。当地大多数居民似乎也难得糊涂，乐得哈哈一笑不置可否，让这个古怪的现代神话传播出去，流传得越远越好。可是这一切却骗不了严肃的科学家，科学家们说什么也不相信这件怪事。

那些谣言的制造者和传播者似乎忘记了一个基本事实。蛇颈龙只能在水里活动，压根儿就没有脚。虽然也能像现代海豹一样，可以爬上岸短暂休息和躲避敌人，但它绝对不能上岸活动，怎么可能在陆地上留下脚印呢？

2003 年 7 月 16 日出版的英国《每日电讯报》报道，有一个潜水者在尼斯湖中发现 4 根椎骨化石。经研究，属于一只高约 8 米的蛇颈龙，生存在侏罗纪至白垩纪期间。有人认为这就是尼斯湖怪的祖先，可以作为湖内有同类生物的证据。但是二者年代相距遥远，只能认定当时有蛇颈龙存在，还不能够当成是现代同类"湖怪"存在的直接证据。

2009 年，英国考古学家在英吉利海峡的海滨城市莱姆里杰斯，著名的"侏罗纪海岸"发现了蛇颈龙的化石，证明这种神秘的海洋动物当时的确在这儿活动过。有趣的是，在它的骨骼上残留有

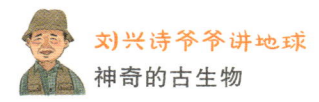
其他凶猛动物的牙齿印痕，很可能是被一只鱼龙袭击而丧生的。

话说到这里，人们不禁会问，神秘的蛇颈龙到底是什么样子？

它的脑袋很小，脖子很长，身子又宽又扁，四肢长得好像是船桨，划水非常方便。它的牙齿很锐利，是凶猛的肉食动物。说它像海豹，却伸着长长的脖子；说它像长脖子马门溪龙，却没有粗壮的脚，而是四只肥肥的划水的鱼鳍。一位古生物学家描述它的形态说，好像是一条大蛇，贯穿在一个乌龟的身体里面，真形象极了。

有趣的是，在澳大利亚发现的一种蛇颈龙化石，胃部竟藏着135块鹅卵石。古生物学家认为这些特殊的"胃石"具有两种稀罕的功能，既可以磨碎坚硬的贝壳帮助食物消化，也能减少浮力迅速下沉。

蛇颈龙和鱼龙一起统治着中生代的海洋，是当时海洋的主人。

尼斯湖

尼斯湖是苏格兰著名的湖泊，英国第二大湖。它长35千米，面积56平方千米，最大深度213米。这是一个沿着一条北北东—南南西断裂带发育生成的断陷湖，深深嵌入在高原中间。通过一些小河、湖泊和人工开凿的运河，尼斯湖可以和两侧的北海、大西洋相通。

故事会

尼斯湖怪的骗局

这个所谓的"湖怪"是真的吗？请看一些揭露的材料吧。

关于这个"湖怪"，最坑人的证明是一张有名的"外科医生照片"。

这是 1934 年《每日邮报》所发表的被认为最经典的照片。据说，这是伦敦一位受人尊敬的妇产科医生罗伯特·肯尼斯·威尔逊拍摄的。他十分谨慎地声明，自己只不过拍摄了"湖里一些不平常的东西"而已。这张照片里显示出一根高高昂起的长脖子，托着一个小脑袋，这成为尼斯湖怪的经典形象。正是由于这张照片，人们才把传说中的湖怪想象为蛇颈龙，从而鼓起了一轮新的"尼斯湖怪热"，使许多支持者信心大增，许多怀疑者哑口无言。

尼斯湖调查局的一位负责人艾德里安·夏因评价说："它实在太完美了，要么是尼斯湖里确实存在的动物，要么就是一个谎言。"

他的预言说中了。后来终于揭露出来，这是一个恶作剧。原来，《每日邮报》为了在新闻宣传上不输给对手，1933 年 12 月大肆宣扬，并聘请了一位大名鼎鼎的"猎手"——电影导演马默杜克·韦瑟罗尔到尼斯湖追踪湖怪。几天内，这位导演就宣布在水边发现了一个奇怪的脚印，声称就是湖怪留下来的。他的发现惊动了所有的人，《每日邮报》大出了一阵风头。谁知好景不长，不到一个月，谎言就被揭穿了。大英博物馆动物学家研究后指出，所谓的湖怪脚印，是一个用石膏做好的河马脚印的标本，压根儿就和尼斯湖怪没有半点儿关联，这使《每日邮报》丢尽了脸。于是，《每日邮报》便怪罪韦瑟罗尔，并毫不客气地抛弃了他。为了报复，他和两个儿子一起，做了一个假的蛇颈龙模型，拍摄了这张照片。他暗暗说："好的，你们不是想得到湖怪的证据吗？我就再给你们做一个吧。"为了使人们相信，他请一位平常就喜欢恶作剧的朋友——妇产科医生罗伯特·肯尼斯·威尔逊出面公布。这位医生在工作中的确以严谨著称，可是人们却不了解他的性格中还有爱开玩笑的另一面。照片刊登出来，一下子轰动了整个世界。最后骗局被揭穿了，他和爱开玩笑的威尔逊医生受到了公众的严厉谴责。

另一张假照片是1960年4月23日航天工程师丁思戴尔拍摄到一个奇怪的"巨大的三角形隆起物"。他描述说，它很像是一座小岛，也像一只底朝天的小船，却在湖心缓缓移动着。他认为这就是传说中的湖怪。这张照片也引起一阵轰动，许多人都相信这是真的。

尼斯湖怪的假新闻图

后来，人们认真分析，这可能是一只小渔船。事实上，那天的确有一个农民开着一只发动机露在舷外的船，在丁思戴尔拍摄的位置穿过尼斯湖。丁思戴尔被光学现象所欺骗，一时神经过敏认错了，那根本就不是什么湖怪。

还有一张所谓《湖怪》的经典性照片，是 1972 年发表的，宣布拍摄到蛇颈龙的一个巨大三角形的鳍。后来也被揭露，是一位热情过度的杂志编辑用喷漆器修饰出来的。

1970 年 8 月，有人把一台水下定时照相机安装在水下，拍摄到一个可疑的不明物体，像是一个怪兽脑袋。后来经过潜水员核实，原来是一个古怪的树桩，根本就不是想象中的湖怪。

信不信由你，这儿还有一个英国白人巫师协会，抗议一支以瑞士科学家简·萨德伯格为首的考察队，反对他们使用新型多波段声呐定位仪和声控摄像机，加上一张大网，对尼斯湖怪进行代号为"彻底清查"的考察行动。该考察队准备抓捕传说中的湖怪，对其采取 DNA 样品进行研究。这个巫师协会的大祭师凯文·卡龙指责考察队冒犯精灵。他出于"义愤"，诅咒考察队不得成功，对尼斯湖念了咒语，保护湖水和水底妖精不受侵犯，演出了一场活生生的闹剧。

一张张假照片和一个个谎言被一一揭穿。1971 年，为调查湖怪专门设置的尼斯湖调查局，也悄悄地关上了大门。

第十六章
天空中的飞龙

名称：翼龙

地质时代：三叠纪至白垩纪

龙在哪儿？

古人说，龙在天上。不也有什么"飞龙"的说法吗？

李白写过两首诗，就叫作《飞龙引二首》。他在《飞龙引·其一》中说：

> 丹砂成黄金，骑龙飞上太清家。
>
> 云愁海思令人嗟，宫中彩女颜如花。

他在《飞龙引·其二》中又说：

> 后宫婵娟多花颜，乘鸾飞烟亦不还，骑龙攀天造天关。
>
> 造天关，闻天语，长云河车载玉女。

瞧，诗人可以骑着龙飞上天，听天上人说话。比今天乘飞机还方便，多么逍遥自在呀！

康有为也有两句诗："龙飞云天外，骏马自行空。"他把天上的龙譬喻为地上的马。

所有这一切，全都说明一件事：在古人的心目中，龙是可以飞升上天的。广阔的天空，就是它自由自在翱翔的地方。

请问，谁真的见过龙在天上飞？就是诗仙李白本人，也说不清这个问题。浪漫的诗篇就是浪漫，谁也不能信以为真。

信不信由你，在地球的历史中，真有天空中飞翔的龙，叫作翼龙，又名翼手龙。说起来出身不凡，它可是赫赫有名的恐龙家族的亲戚。虽然仅仅是边缘化的亲戚，可也身价百倍了。仅仅凭着这一点，在后世人们的眼中，就非常了不起。不管怎么说，总

翼龙

翼龙化石

也沾了一个"龙"字，和李白吟咏的飞龙好像是一回事儿了。

但是……

但是什么呢？世界上许多事情，起初说得很好很好，常常就在"但是"这个词儿后面拐了弯，一下子就变了味。

翼龙虽然能够飞上天，来历却有些寒碜。好像豹子头林冲似的，一开始竟是被逼上梁山的。虽然后来这位林教头叱咤风云，成为好汉中的好汉，谁也不敢在战场上招惹他，可是以前却有一段不堪回首的经历，说起来怪辛酸的。

翼龙也是一个样，也是被逼迫得实在没有办法，才扑腾扑腾飞上天的。

原来，它最初的个儿不大，在凶神恶煞的强敌面前，只能躲避逃跑，不敢居住在肥沃的原野和河湖旁边，和强势的恐龙亲戚住在一起。为了争取生存的地盘，它只好躲得远远的，生活在高高的山崖上，或者其他偏僻的地方。敌人追赶的时候，它就被吓得屁滚尿流，张开前肢不停地使劲拍打着加快速度拼命奔跑，躲到高处和远处。有时它还会抓着树枝爬上树，用后肢的脚爪紧紧抓住树枝，像蝙蝠一样倒吊在树上休息。很可能就是这样发展下去，在它的前肢趾骨之间的皮肤膜，生长出了薄薄的皮膜，逐渐发展成为特殊的翅膀。

翼龙有了翅膀，就能飞上天空。它逐渐从低到高，由近而远，飞翔的本领越来越高明，终于成为原始天空的主人。请看，它的这个发展过程，岂不是和林冲被逼上梁山有些大同小异呢？

随着能够飞翔的皮膜的出现，它的身体其他部分也跟着发生改变。头上长出了尖尖的喙，有的还有锋利的牙齿，用来咬碎猎物的骨头。有的脑袋上还有怪里怪气的头冠，看起来像孔雀一样。

翼龙常常生活在湖泊、浅海的上空，高高俯瞰下面的情形，一旦发现食物，就像鹰一样俯冲下来，抓捕鱼儿和其他小动物填饱肚子。有的翼龙也吃草，是抓着什么就吃什么的杂食动物。

这种飞龙大小不一，差别很大。

大的张开翅膀超过 12 米，牙齿有 10 厘米长，加上又长又大的尖嘴，是名副其实的空中霸王。其中最大的一个翼龙化石，两翼展开达到 16 米，几乎相当于一架 F-16 歼击机了。

小的两个翅膀展开，却只有 25 厘米长，和一只喜鹊差不多。

第十七章
一幅恐龙时代的追捕图

名称：气龙、棱齿龙

地质时代：侏罗纪

啊，恐龙！

听着这个名字，人们准会吓得要命，以为所有的恐龙都非常恐怖，一个个都是惹不起的无敌大霸王。要不，为什么它们的名字都带着一个"恐"字？感谢上天，多亏我们没有生活在那个时代，没有和那些可怕的恐龙天天打交道。

恐龙真的全都很厉害，一个个都是凶神恶煞的吗？

不，才不是这样呢。

在恐龙世界里，虽然有的不好惹，是人见人怕的大霸王，有的却很可怜，一天到晚提心吊胆、可怜巴巴地过日子，谈不上半个"恐"字。

为什么会这样？

因为有的恐龙大，有的恐龙小；有的吃肉，有的吃素；有的不管荤素，只要能填饱肚子就成。个子大小和习性不同，就决定了它们的强弱关系和生存地位。

那时候没有猪哇羊的，连小兔子也没有，只有大大小小、各种各样的恐龙。凶狠的大恐龙要吃肉，只有恐龙吃恐龙，抓别的恐龙当饭菜了。

唉，这些可怜的小恐龙，连兔子也不如。逮兔子的大灰狼、红毛狐狸什么的，抓不了兔子，还能抓老鼠和别的小动物。凶狠的大恐龙要吃肉，就只有抓这些吃不了肉、只能吃树叶和草的小恐龙了。想一想，那些吃素的小恐龙，日子多么难过呀！

你不信吗？这样的例子有的是。

在四川自贡恐龙博物馆的展厅里，展示出一个惊心动魄的场景。一只大个子建设气龙，气势汹汹追赶着几只小个子多齿盐都龙。

自贡恐龙博物馆展厅

喝水的剑龙

后面大步流星追赶的建设气龙，大脑袋、短脖子，拖着一根长长的尾巴，模样儿非常可怕。

你看它，眼睛里放着凶光，贪婪地盯住在前面逃跑的盐都龙，龇着又扁又尖的牙齿，好像是锋利的匕首，伸出两只带钩的前爪，恨不得一把就抓住猎物。如果被它抓住，可就没有好下场啦！

再仔细一看，它的牙齿结构非常复杂，又扁又尖，好像是锋利的匕首，一口咬住猎物，猎物就没法挣扎逃命。这些牙齿边缘还有许多细小的锯齿，就像是锯子似的，用来撕裂肉块再好不过了。

前面逃跑的盐都龙，脑袋小，嘴巴短。又大又圆的眼睛里充满了恐惧，生怕被恶狠狠的对手抓住，一个个没命似的飞跑，不敢回头看一眼。

又一看，这些逃跑者和追赶者一样，都是前肢短小，后肢又粗又长很有力气，两条腿跑得飞快。这一场追捕和逃跑的游戏，就看谁跑得更快了。生与死，都由自己和对手的速度决定。

不消说，这是人们特意布置的场景。前后追赶和逃跑的都是恐龙化石，并不是活生生的恐龙本身。走进这个博物馆，瞧见这一幅生死追逐游戏图的观众，没准儿都会想到两个至关重要的问题：

一、这些可怜的盐都龙，逃脱那些建设气龙的魔爪了吗？如果没有，它们就注定没有好下场了。

二、这些凶恶的建设气龙，能顺利抓住猎物吗？如果没有抓住，它们也注定了要饿肚子。饿得实在没有办法，也不会有好结果。

哦，这岂不是和现在的丛林法则一个样儿？原来追捕和被追捕的故事，一直都在自然界里上演着。恐龙之间也不例外，也是弱肉强食的世界。

棱齿龙跑得快的秘密

棱齿龙是恐龙时代的快跑健将。

古生物学家怎么发现它跑得快的？原来是它的股骨和胫骨泄露了秘密。

恐龙时代已经消逝了几千万年，当然没法观测它们的奔跑速度。可是用现代动物做比较，就可以大致推想出来了。

股骨就是大腿骨，胫骨就是小腿骨。你看，跑得快的羚羊、鹿和马，股骨和胫骨的比例都很大。跑得慢的大象、河马，股骨和胫骨的比例都很小。大象的股骨和胫骨的长度比值只有 0.60，马是 0.92，羚羊是 1.25。棱齿龙中的多齿盐都龙竟达到了 1.18，似乎比马跑得快，只比羚羊差一丁点儿。如果这样推算，它可以算是恐龙世界的快跑能手了。

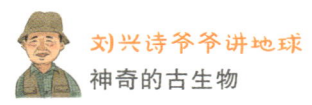
小卡片

气龙和棱齿龙

　　这里说的建设气龙是气龙的一种。严格说，它在恐龙世界中，并不是真正的"巨人"，个儿比它大的恐龙多的是。它的身子还不到 4 米长，大致相当于一辆普通轿车的尺寸。可是它的重量就比轿车轻得多，一般只有 130 多千克，只能算是一种小型的原始肉食性恐龙。

　　多齿盐都龙属于棱齿龙的一种，个儿大小不一。大的有微型汽车那么长，小的只有 1 米左右，连自行车都比不上。它们往往成群结队生活在一起，身上长有和周围树林一样的保护色。一听见敌人的声音，它们立刻像风一样拔腿就跑。

　　气龙和棱齿龙都是两足行走的鸟脚类恐龙，只不过一个吃肉，一个杂食罢了。后者为了逃命，当然跑得快些，是一种善于快跑的杂食性恐龙。

建设气龙骨架特写

杂食性小恐龙，除了吃苏铁一类的植物，也喜欢开荤。它们吃的是一些原始昆虫和蜥蜴，也算是吃肉啦。

恐龙家族还有许多怪里怪气的成员，一时说也说不完，让我们再看几个例子吧。

古生代二叠纪早期的盘龙算一个。这是最原始的"龙"。背上耸起高高的"船帆"一样的结构，皮下布满了血管。可以用来快速吸热和降温，一点儿也不比今天的一些家用电器差。

南半球发现的二叠纪中龙也算一个。它生活在浅水沼泽里，嘴长，身子细长，尾巴、四肢也很长。能飞快地窜来窜去，是当时淡水中的霸王。

进入中生代的三叠纪，像狗一样大的始盗龙、丁字龙也有自己的特点。

侏罗纪的剑龙，从脖子、背脊到尾巴上，长满一排尖锐的骨板，尾巴上还有锋利的尾刺。一看就是一个惹不起的家伙。

白垩纪的鸭嘴龙，长着鸭子一样的嘴巴，吃草特别利索。甲龙除了肚皮外，全身都长满坚硬的骨板，用来保护自己，比乌龟壳还管用。窃蛋龙有尖尖的利爪，行动非常敏捷，像袋鼠一样用长尾巴保持身体平衡，在草原上跑起来很快。

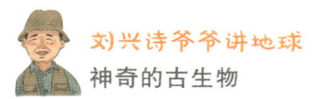

霸王龙

霸王龙来了。

哎呀！听这个名字就怪吓人的。霸王龙是恐龙中最强大、最恐怖的一种，名副其实的残暴"蜥蜴王"。它属于暴龙科中个儿最大的一种，有人干脆就把它叫作暴龙。它体形粗壮，个子很大。谁遇见它，算是倒了大霉了。

雷克斯暴龙，又名霸王龙，好在它出世比较晚，直到白垩纪晚期才出现。要不，准会把许许多多别的恐龙都吃掉了。

凶猛的霸王龙

第十八章
从成都理工大学的校徽说起

名称：马门溪龙

地质时代：侏罗纪

每个学校都有自己的校徽。成都理工大学的校徽，从前是马门溪龙的图案。

为什么当时我们选用它作为校徽？因为这是全国最大的恐龙标本，是我们的博物馆内无可替代的镇馆之宝，国家地质公园也采用它作为特有的标志。所以当时我力主选用它作为校徽图案，这款校徽使用了很长时间。

说起"马门溪龙"这个名字，和一个筑路工程，也和地方口音的误会有关系。

1952 年，在四川盆地西南部，宜宾市柏溪地方，金沙江马鸣溪渡口附近，正在修筑一条公路，开凿江边岩石

成都理工大学原校徽

马门溪龙

的时候，发现了一些巨大的古脊椎动物化石。经过著名古生物学家杨钟健院士仔细研究，认为这是一种过去世界上还没有发现过的新的恐龙品种，就根据发现地点命名的原则，把它叫作马鸣溪龙。

马鸣溪龙就是马鸣溪的龙，怎么叫成了马门溪龙？莫非它本身还有自己的要求，就像一些人觉得爸爸妈妈取的名字不太好，非得改一个字不可吗？

当然不是的。

原来这和杨钟健老先生的口音有关系。他说的是家乡陕西话，别人一听就把"马鸣溪"听成"马门溪"，"马鸣溪龙"也就变成"马门溪龙"了。往后约定俗成，大家就这样叫了下去。

又因为这是在新中国成立后的建设工地上发现的，按照双名法的规定，又给它取了一个种名，叫"建设马门溪龙"。

我们都知道，生物科学的命名体系，从大到小是门、纲、目、科、属、种几个等级。以马门溪龙来说，有一个马门溪龙科，下面又分马门溪龙属、峨眉龙属两个"属"，马门溪龙属再往下的建设马门溪龙就是其中的一个"种"。有了这样严格的划分，就把它在学科体系中的地位确定下来了。我们笼统说马门溪龙的一个标本，只不过是具体地方的某一个种而已。

第一个马门溪龙化石发现后，相同的个体一个个接着被发现，就有了以后的井研马门溪龙、合川马门溪龙、安岳马门溪龙、甘肃马门溪龙，以及中国和加拿大科学家联合发掘的中加马门溪龙等。不消说，这都是在不同地方发现的不同的"种"，一下子没法说完。真是洋洋大观，看得人眼花缭乱。

陈列在成都理工大学博物馆里的马门溪龙标本，是 1957 年在合川县太和镇附近的古楼山上发现的。

这可是一个了不起的大家伙。仅仅在发掘的时候，化石标本就装了整整 40 大箱。值得一提的是，这些化石标本除了缺少头骨和前肢，其他每一块小骨头都保存得好好的。后来用甘肃永登县海石湾的同一种标本补充复原后，这个大家伙就相貌堂堂屹立在博物馆里了。

你看哪！它的身子有 22 米长、3.5 米高。昂起脖子，抬起脑袋，可以达到 11 米，伸进 4 楼的窗户里。猛一看，好像一个大吊车。如果它平伸着脖子，比一节火车车厢还长。它是陆地上最大的动物，估计有三四十吨重，也是亚洲最大的恐龙。大象和长颈鹿与它相比，简直就是小巫见大巫。

值得注意的是，这么一个庞然大物，脑袋直径却只有半米大小。人们不禁会问，作为神经中枢的脑袋，小得简直和身体不成比例，

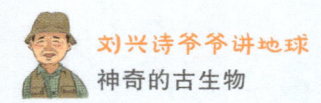

怎么能够指挥全身活动？准是一个大笨蛋。有人说，在它的脊椎骨上，还有一个神经球，好像是特殊的"后脑"，具有中继站的作用，和小脑袋一起支配全身运动。是不是这样，就得进一步研究了。不管怎么说，它不是一个行动敏捷、非常灵活的动物，这是可以基本肯定的事实。

仔细数一数，它的整个脊柱有 19 个颈椎、12 个背椎、4 个荐椎和 35 个尾椎骨，这些骨头连接成一条完美的曲线，支撑起整个沉重的身体，使美学和力学在这里达到最完美的结合。

成都理工大学博物馆里有许多恐龙标本，这是其中最大也是最美的一个，令人无限景仰，望而生畏。我的小孙子在上幼儿园小班的时候，从来也不敢进博物馆，就是被这个可怕的"恐龙爷爷"吓住了。

哦，别怕它。它生活在遥远的侏罗纪时代，那时候人类压根儿

甘肃省博物馆的
马门溪龙化石

还没有出现，怎么可能咬人呢？话说回来，即使谁真遇着了这个看起来怪吓人的"恐龙爷爷"，只要没有被它踩一脚，也没有什么关系。因为马门溪龙是吃素的动物，不是开荤的混世魔王，没什么好怕的！

瞧着这么巨大的恐龙，没准儿有人还会纳闷：这么一个大家伙，慢吞吞走路很不方便，怎么过日子呀？

放心吧。请别为古人担心，也不必为更加古老的恐龙担忧。天生这个玩意儿，自然有它生存的办法。

有人说，虽然它也在陆地生活，一生的大部分时间却泡在湖泊里，利用水的浮力，就能大大减轻活动的障碍。不消说，在水里还能寻找大量食物，也能躲避凶猛敌人的伤害。在成都理工大学博物馆的展厅内，就用一幅巨大的壁画作为衬托，展示它在浅水湖沼中的生活情况。不需要过多的解释，参观者一眼就看明白了。

噢，这个巨无霸般的马门溪龙，原来是一种特殊的"水龙"啊！学校里有一个餐厅，我联想起一个著名的词牌，就取名叫作"水龙吟餐厅"，给咱们的马门溪龙也涂抹一些文化的色彩。

现在成都理工大学的校徽还是马门溪龙吗？

不，它已经采用象形字图案以及英文字母式的组合办法，设计出一个新的标志，好像大街上流行的现代商标符号，代替那条难忘的恐龙了。我还惦记着本校所拥有的、独一无二的马门溪龙。出于地质工作者的特殊感情，所以在自己的名片上，依旧还印上这个令人无限怀念的标记。

是呀，这是对一种龙的怀念，请允许我写在这本书里吧。

成都理工大学新校徽

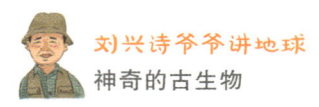

蜥脚类恐龙

　　马门溪龙是蜥脚类恐龙的一种，生活在1.4亿年前的侏罗纪晚期。脑袋小，身子大，长脖子，长尾巴，专门吃植物，是它们的共同特点。它们不仅吃湖沼中的水生植物，还能像长颈鹿一样，伸长脖子吃高大树木上的嫩叶。有人说，它们的一生都在长个子，永远也不停止。所以越长越大，成为恐龙世界里的"巨无霸"。陈列在自贡恐龙博物馆内的蜀龙、峨眉龙、马门溪龙，就是最主要的代表。

为什么四川盆地是著名的"恐龙之乡"

　　四川盆地有"恐龙之乡"的美誉，包括曾经位居"亚洲第一龙"的合川马门溪龙在内，许多恐龙化石在这里被发现。

　　为什么这儿的恐龙特别多？难道这里得天独厚，是恐龙最喜欢生活的地方吗？

　　不，不是的。并不是这里恐龙生活的条件特别好、恐龙聚集特别多，而是由于这里的中生代地层分布特别广泛。这里是有名的红色盆地，几乎到处都是紫红色的侏罗纪岩层、砖红色的白垩纪岩层。恐龙就生活在这个时代，发现它们化石的可能性当然就最大了。在我国境内，准噶尔盆地、内蒙古、宁夏等地，也有许多恐龙化石出土，统统和到处出露的中生代地层有关系。

　　除了这些地方，还有潜在的"恐龙之乡"吗？

有哇！一句话，说白了，中生代是恐龙的时代，当时几乎到处都有这种庞然大物分布。只要有中生代地层分布，就有可能发现珍贵的恐龙化石。

依我看，陕甘宁以及山西黄土高原下面，也可能藏着许多恐龙化石呢。不信，请钻进一条条深深切割的黄土沟，就能发现底部露出的岩石，不是侏罗纪就是白垩纪的地层，怎么不可能含有恐龙化石呢？我在这些地方考察的时候，曾经一次次仔细寻找。可惜露在外面的岩层不厚，一时不能发现它的踪迹。但是我深深相信，这儿必定也有同样的恐龙化石分布，只不过被巨厚的黄土压盖在下面而已。以山西来说吧，这儿的地下到处有煤和文物，没准儿还有许多未知的恐龙化石，只不过一时还没有发现而已。

我们是不是可以来一个逆向思维？不仅仅从恐龙化石本身去找它们，是不是可以先圈划出可能含有化石的地层，再进一步仔细寻找化石呢？

黄土高原地貌航拍图

第十九章
话说图腾龙

咱们都是中国人，咱们都是"龙的传人"。

请问，这话是什么意思？

是不是我们都是龙的后代？

是呀！是呀！这话只能这样解释。

请问，这个说法是怎么来的？

我们熟悉的人类进化史，从来都说的是"从猿到人"，怎么一下子变成了"从龙到人"？难道进化史发生了彻底改变？

不是的。这话说起来，就得从"龙"是什么玩意儿慢慢说起了。

"龙"啊"龙"，神秘的"龙"，真是朦朦胧胧，叫人好糊涂。

有人猜，这是不是远古部落的图腾？

让我们仔细翻查这些部落有什么图腾吧。

传说黄帝集团有熊、罴、貔、貅、貙（chū）、虎 6 个部落，可就没有"龙"部落。

来自南方的蚩尤集团，组织非常庞大。据说蚩尤有 81 个铜头铁脑袋、野兽身子的兄弟。可惜记录不全，不知道到底有 81 个什

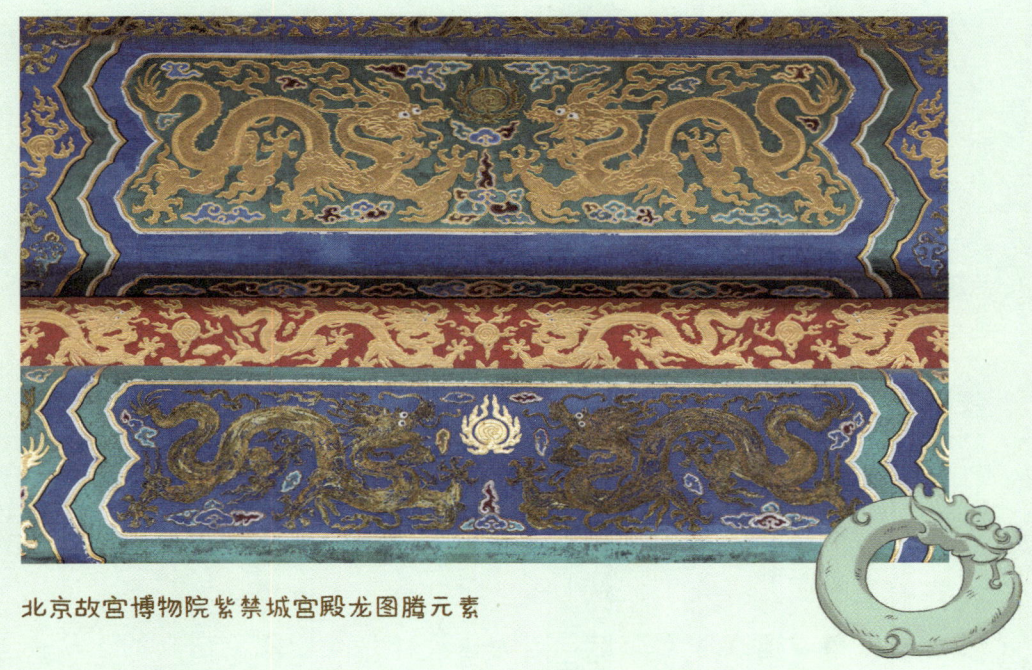

北京故宫博物院紫禁城宫殿龙图腾元素

么野兽的图腾。

东方的少昊集团是鸟图腾，太昊集团是蛇图腾。

有人说，炎帝集团用的是龙图腾，可是又有人说是羊图腾。就算在这个集团有一个部落的图腾是"龙"，看来也不是这个部落共同的特有象征。

"龙"啊"龙"，神秘的"龙"，的确有些朦朦胧胧。

说起它的来历，得要追溯到遥远的新石器时代。

在辽宁阜新出土了一幅用砾石摆出的"龙"图案，距今大约7000年。考古学界说，这只"龙"属于新石器时代的"辽西文化"。古人类学家说，人类起源悠久，有好几百万年，七八千年算得了什么，不能算是最古老时代的象征。

在河南濮阳一个新石器时代遗址里，也有一条用贝壳摆放的"龙"，距今大约6000年，属于仰韶文化前期的遗物。

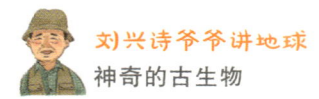

此外，在辽宁丹东后洼遗址、山东大汶口文化遗址、河南仰韶文化遗址，甚至南方长江中游的湖北屈家岭文化遗址、长江下游的良渚文化遗址等许多地方，都有"龙形"的文物出土，全都比黄帝时期早得多。从北到南分布非常广泛，也不是黄帝集团和炎帝集团固有活动的地方。看起来"龙"这个东西，不是某一个部落集团独有的图腾和象征，而是非常广泛的分布。

"龙"啊"龙"，神秘的"龙"。

"龙"到底是什么东西？

别瞧它的名字带着一个"龙"字，就以为它和恐龙是一家的。其实它根本就不是恐龙的亲戚，也不是别的什么动物。走遍全世界的动物园，考究了世界上每一种动物，也甭想找到答案考证出它的家谱。道理非常简单，因为这纯粹是人们想象出来的，从古到今压根儿就没有这种动物。

首先，这不是电影《侏罗纪公园》中的那种恐龙。

恐龙生活在 6500 万年前的中生代，人类还没有出现，怎么可能拉扯上"龙"这个图腾象征的东西？

"龙"啊"龙"，神秘的"龙"。

为什么这个根本就没有的动物，会变得这样神秘兮兮？

那是人们心目中的神秘感造成的。古时候，当人们瞧见一些稀罕的动物，就会把它当作"龙"。

有人说，鳄是"龙"的原型。

这话有些道理。你看，扬子鳄的样子，岂不就有一些像传说中的"龙"吗？

怪模怪样的鳄鱼非常凶猛，瞧着就使人害怕。平时它藏在水里，每当雷雨来临的时候，它在水里憋着很难受，就会一身湿漉漉地钻出来。紧接着天空中雷鸣电闪，使人觉得它仿佛是和雷电一起诞生的，又好像能够随着闪电飞上天空，更加增添了神秘感，人们就把它想象成"龙"了。

古时候，鳄在中国东部分布非常广泛，无论是黄河还是长江流域都有它的踪迹。5000 年前河南仰韶文化中，庙底沟类型的一块陶片上，就留下了一个栩栩如生的鳄的立体造型。5300 年前湖北屈家岭文化中，一个陶盘上也画着一个扬子鳄的脑袋。可见当时不管北方和南方，到处都有鳄。没准儿由于它分布的广泛，到处都给人们留下深刻的印象，所以就普遍产生了"龙的传人"的观念。

"龙"啊"龙"，神秘的"龙"。

除了凶猛的鳄，一些地方还把别的动物当成"龙"。

同样可怕的大蟒蛇就是其中之一。还有的地方把马当成"龙"。

在四川三星堆遗址里，还发掘出一个有趣的雕塑。一只长着两只弯弯的角的岩羊，背后拖着一根长长的龙尾巴。前面看是岩羊，后面看就是"龙"。

咦，这是怎么一回事儿？为什么性格温和的岩羊

三星堆博物馆青铜爬龙柱形器

也变成了一条"龙"？原来这和古代蜀族的生活环境有关系。他们的祖先生活在高耸的岷山里，常常瞧见一只只岩羊在悬崖绝壁上跳跃如飞，使人非常羡慕，就把它也当作是"龙"了。在这个遗址里，甚至还有一只翘着猪嘴巴的"猪龙"呢。古代小说里描写"猪婆龙"，说的就是这种特殊的"猪龙"吧。

噢，明白了。我们所说的龙，原来是一种根本就不存在的图腾龙。我们的祖先崇拜各种各样的神秘动物，把它们统统当成是"龙"，所以就自称为"龙的传人"了。

你知道吗？

龙形的变化

龙的外形不是一成不变的，不是一开始就是今天我们看见的这个样子。

它最早是什么样子？

以濮阳那只最原始的"龙"来说，大脑袋、鼓眼睛，伸出比较长的吻，吐出没有分叉的舌头。从脖子到肚子像"S"形起伏。四只脚撑着身子，有锋利的爪子，背脊上有突出的棘刺。从头到尾只有 1.78 米长，还比不上姚明的身高。

往后随着人们的想象，它的变化就越来越明显了。

拿它的脑袋来说吧。

夏、商、周时期的"龙"脑袋是方的，很少有花里胡哨的附着物，只是商代才出现了柱子一样的角。春秋末期，角变长了。战国时期脑袋变扁了。汉代出现了胡子，南北朝时期有了"头发"，隋唐时期角分叉了。宋代的龙角分叉更加明显，长得好像是鹿角，别的"装饰"也越来越多了，脖子上还披着马鬃似的"鬣"。最后到了明代，嘴巴也伸长了。

拿它的身子来说。

从夏代到春秋时期，身子变得越来越粗，尾巴变得越来越细。从战国到五代，肚子逐渐变得鼓起。到了宋代，身子已经变得又弯又长。商代的"龙"只有三个爪子，宋代有四个爪子，明代就有五个爪子了。

夏代的有背鳍，商代的像蛇皮，汉代的有了鳞甲和腹甲。到了唐宋时期，龙鳞就越来越细密整齐了。五代时期还出现了尾鳍。

噢，原来我们今天看见的"龙"的形状，是随着时间发展，一步步变化而来的。

凤凰和麒麟

古代当作是吉祥动物的凤凰和麒麟，也是想象中的动物。凤凰形象应来自孔雀，麒麟的形象应来自长颈鹿，孔雀和长颈鹿都是今天动物园里的老住户。

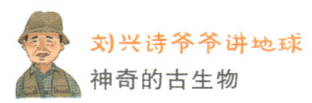

孔甲吃"龙肉"

信不信由你，传说在尧舜时代真的有"龙"，还有一个叫豢龙氏的养"龙"的部落。

信不信由你，传说夏朝有一个叫孔甲的国王在位的时候，天上忽然掉下两条"龙"。他就找到这个部落，派一个人来帮他养"龙"。没有多久，其中一条"龙"死了。养"龙"的人把"龙肉"做成一道菜给孔甲吃，也不说是什么东西。孔甲觉得味道不错，叫他接着再弄些来吃。这位大师傅抓瞎了，只好卷起铺盖卷儿溜掉了。

这个故事是不是真的呢？如果真有这回事儿，没准儿是鳄吧。养"龙"不行，饲养鳄还是可以的嘛。那个豢龙氏在中原地区，透露了古时候北方也有鳄的珍贵信息。鳄在当时很普遍，现在可是濒临灭绝的保护动物。谁再像孔甲一样吃"龙肉"，那就犯法了。

第二十章
鳄鱼的祖先

名称：原鳄

地质时代：侏罗纪早期

名称：狂齿鳄

地质时代：三叠纪至侏罗纪

凶猛的鳄鱼生活在水边，是浅水河、湖里的无敌大霸王，谁也不敢招惹它。

俗话说：龙生龙，凤生凤，耗子生儿打地洞。人们想，这么厉害的鳄鱼，必定也是将门虎子。它的祖先想必也是威风凛凛，自古以来就是一方的霸主。

唉，你想错了，鳄鱼的

侏罗纪鳄鱼化石

祖先未必都这样威风。就像几百年前"湖广填四川"，我们的客家老祖宗，扶老携幼，吭哧吭哧挑着担子，翻山越岭而来，统统是最最贫苦的农民一样。

我永远尊敬农民，因为那是自己的祖先。没有农民，哪有自己。说我们是"龙的传人"，不如说是"农的传人"。随时想一想身从何处来，就明白了这个道理。爱鳄鱼的"鳄迷"，也应该尊敬它的祖先，不管它是什么样子。

翻开鳄鱼的家谱，它的最、最、最早的祖先是原鳄。听着这个名字就可以猜想到，这是最、最、最早的原始鳄鱼，所以才这么称呼它。

唉，这位鳄鱼的老祖宗一点儿也不怎么样，压根儿就配不上"显赫""威风""凶狠""霸王"这些字眼。

美洲鳄

瞧吧，美国研究人员在亚利桑那州 1.9 亿年前的侏罗纪早期的岩层里，发现了一只原鳄。它全身只有 1 米长，实在不太上眼。四只脚比现在的鳄鱼细长得多，用来快速奔跑，躲避当时真正的霸王——恐龙，也有利于追赶捕捉更小的像蜥蜴那样的倒霉鬼。

再仔细一看，有的原鳄的后腿比前腿长，也比较粗一些。很可能这是从某种两脚行走的低等爬行动物演化来的原因。

咱们云南禄丰也发现过同时代的原鳄，长只有 2.1 厘米，还不如一条小鱼呢。

信不信由你，这就是今天浅水霸王鳄鱼的老祖宗。唉，那时候的原鳄真是生不逢时。陆地岸边挤满了爬行动物，寻找食物十分困难。刚出世的原鳄在陆地上混了一阵子，没法和别的动物竞争，只好把目光转向水里。那儿食物丰富，没有别的竞争者，倒是一个十分理想的生活环境。于是它们就毫不犹豫地下水了，揭开了鳄鱼历史的新篇章。

其实，最先下水的是更早的狂齿鳄，可能是鳄鱼家族的另一支吧。

狂齿鳄的个儿大得多，整个身子有 3 米多长，和今天的鳄鱼差不多了。它的四肢非常粗壮，生活在水里，也时不时爬上岸活动一下。

仔细看，它的模样似乎和今天的鳄鱼有些相像。全身披满骨质的甲片，活像是大将军的铠甲。伸着长长的嘴，长满尖牙利齿，可以尽情撕咬猎物，性情非常贪婪粗暴。它常常全身泡在水里，只露出扁平脑袋上的鼻孔和眼睛，呼吸空气，并观察周围的情况。猛一看，它和现代鳄鱼似乎没有什么不同，却不知道什么原因，在中生代末期的第四次生物大灭绝中，几乎完全灭绝了。

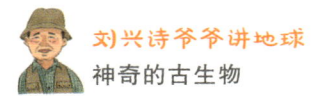
　　我们讲完了鳄鱼的家史。你从原鳄和狂齿鳄的故事中得到了什么启发？

　　你看，原鳄出现得比狂齿鳄还晚些，却那么不像样子。最后不得不回到水里，寻找新的出路，可见生活环境非常重要。原鳄的故事，就是一个失败的例子。从水里到陆地，最后不得不回到水里，这是何必呢？

　　狂齿鳄已经有一些今天鳄鱼的影子了，可惜绝大多数都在一次全球生物大灭绝中消失了。没准儿留下很少"漏网之鳄"，才在新的适宜的环境里，一步步逐渐发展，终于成就了今天的鳄鱼霸业。

第二十一章
天空中的第一只鸟

名称：始祖鸟

地质时代：侏罗纪晚期

　　远古时期的天空是寂静的。当昙花一现的原始蜻蜓消失后，不可一世的翼龙也奄奄一息，即将退出辽阔的蓝天舞台。谁能代替它们成为新一代的天空主人？

　　是呀！是呀！当海洋中充满了各种各样的鱼儿和其他动物，一些动物爬行到陆地上后，建立了轰轰烈烈的恐龙王朝。天空依旧是寂静的，只有无知的风儿和云朵在空中游戏，几乎没有更多的生命气息。

　　1.4亿年前的侏罗纪晚期，在今天的德国南部巴伐利亚地区，忽然有一个黑影掠过了低空，展开翅膀飞起来。这不是云，也不是风沙和雾气，而是一只动作非常笨拙的鸟儿。

　　哎呀！一个新生命终于征服了天空，打破了亿万年的长空沉寂，创造了一个了不起的奇迹。

始祖鸟

它是谁？

这就是我们要说的始祖鸟哇！

在它飞起的地方，今天"欧洲的脊梁"——阿尔卑斯山脉北麓的德国巴伐利亚黑森林，当时是一个海湾。海上波涛汹涌，浮游着许多鱼儿；岸边长满了高大的苏铁树和灌木丛。凶猛的恐龙还没有完全退出历史舞台，还趾高气扬地在林中和林外散步。大地和海上充满了形形色色的生命，不免显得有些拥挤。只有头顶无边无垠的天空还是一派空荡荡的景象，还在等待着自己的新主人。

是的，这时候天上还有古老的翼龙在飞翔。可是，这种体形巨大的家伙，动作非常笨拙，只能依靠前肢上的皮膜使劲扑打，掠过比树丛高不了多少的低空，压根儿就别想飞得更高、更远。面对广袤无边的整个天空，它显得有些力不从心，因为翼龙还不是真正的天空主宰者。

是呀，翼龙已经接近灭绝，不过是一个没落的贵族而已。

新生命！

新生命！

比海洋更加深邃，比陆地更加广阔的天空，充满了激情，在呼唤新的生命元素，代替"低空轰炸机"翼龙的新主人。

这时候，始祖鸟应运而生。它的动作更加灵活，崭新的羽毛代替了过时的皮膜，身子也变得更轻。所有的一切全都符合飞行的要求，它开启了一个新的飞行王朝。

要想冲上蓝天，身子就不能太沉重。

始祖鸟的个子不大，和现在的野鸡、乌鸦差不多。

要想飞得更高，就得有一对好翅膀。

始祖鸟有一对大翅膀、一条长尾巴，足可担当这个任务了。

天空只不过是表演的舞台。所有的飞行演员飞累了，都得落下来歇息。下面莽莽苍苍的大森林，就是最好的休息场所。

从空中落在树上，怎么才能稳住身子呢？

有趣的是，始祖鸟的翅膀上，还有两只锋利的前爪，可以紧紧攀住树枝，也可以用来捕捉猎物。

咦，它怎么有一对这样的爪子？原来它是从爬行动物演化而来的。这对尖尖的爪子，就是爬行动物的遗传特征。

再一看，它的嘴巴里还有细小的牙齿，这也是爬行动物的遗传基因。牙齿可用来咀嚼小昆虫和别的食物。

它的个子不大，大约相当于现代的野鸡，飞行能力也和野鸡差不多。

始祖鸟就这样飞上天了，算是比恐龙家族的翼龙更加符合要求的飞行员。不过话又说回来，它毕竟是飞鸟航校草创阶段第一期毕业的学生，飞行技术还不是太高明，不如后来精益求精的小师弟，

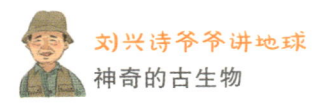
不能像老鹰似的在高空自由盘旋，也没法像燕子那样掠地疾飞。说起来很可笑，它只能在森林的树枝之间，或者草地上短距离滑翔，是一个本领还不太过关的滑翔运动员。

请记住，这还是血淋淋撕咬的恐龙时代。为了觅食和躲避敌害，始祖鸟一次次鼓起翅膀飞起来，在林中十分笨拙地飞行着，不断地提高飞行本领。

朋友们，请别看不起它。不管怎么说，它毕竟硬扇着翅膀飞了起来，是发现天空的哥伦布，开启了一个鸟儿王朝的新时代。

朋友们，请鼓励它。俗话说，笨鸟先飞，看来这就是冲着它说的。没有这样充满雄心壮志的笨鸟，哪有后来百鸟飞翔的时代？

朋友们，请为它欢呼。就是这只笨鸟勇敢飞上蓝天，终于为无数鸟儿打开了通向辽阔天空的大门。

小知识

关于始祖鸟的种种说法

"始祖鸟"到底是怎么来的？

这个名字是从古希腊文来的，意思是"古代羽毛"或者"古代翅膀"。德文名字的意思是"原鸟"。它还有一个名字叫作古翼鸟。

那它又是如何进化来的呢？

有人说，它是由恐龙进化而成的，是一种特殊的恐龙，属于虚骨龙家族，是爬行动物到鸟类的中间过渡类型。

请注意"羽毛"和"翅膀"两个词，这都是从前翼龙没有的先进"配件"。有了这样的装备，就能更好地飞行了。

巴伐利亚发现的始祖鸟还不算最早的鸟类。我国发现的"孔子鸟"和"辽宁鸟"，才是鸟类最早的老祖宗。

刘兴诗

著

刘兴诗爷爷讲地球

神奇的古生物

下册

长江出版传媒 · 长江文艺出版社

目录

下篇

哺乳动物称霸天下

- 第一章　猪一样大的象　/002
- 第二章　"黄河象"的故事　/006
- 第三章　化石亚洲象　/012
- 第四章　披毛的大象　/017
- 第五章　六只角的傻大个　/022
- 第六章　两层楼高的犀牛　/026
- 第七章　泥潭里的巨兽　/031
- 第八章　恐怖的巨猪　/034
- 第九章　有蹄子的"兔子"　/039
- 第十章　中药铺里发现的巨猿　/043

● 第十一章　匕首虎 /047

● 第十二章　不起眼的小古驼 /050

● 第十三章　长颈鹿的祖先 /054

● 第十四章　有爪子的怪马 /059

● 第十五章　千里马是怎么形成的 /063

● 第十六章　相貌堂堂的鹿武士 /068

● 第十七章　山洞里的巨熊 /072

● 第十八章　胆小的大家伙 /078

● 第十九章　　偷吃羊肉的大熊猫 /081

● 附录　一、史前大森林 /085

　　　　二、沉睡的乌木 /088

　　　　三、五次地球生物大灭绝 /091

● 后　记 /096

哺乳动物称霸天下

什么是哺乳动物？单从名字上也能猜到，是不是以乳汁哺育幼仔的动物呢？

一点儿不错，你抓住了它的主要特征之一，哺乳动物就是因此而得名的。

哺乳动物有哪些？

不用去动物园也能说出来一大堆：大的有大象、老虎、狗熊……小的有小狗、兔子、老鼠……不要忘记，人也是哺乳动物呀！

久远的古代，都有哪些哺乳动物呢？它们当中谁最厉害？让我们一起去看看吧！

第一章
猪一样大的象

名称：始祖象

地质时代：老第三纪

大象是力量的象征。它迈着沉重的步伐，挺起弯弯的大长牙，甩动着长长的鼻子，悠然自得地在荒野中散步。凶猛的狮子和老虎，也不敢随意招惹它一下。人们说，它是现代陆地上最巨大的动物，可一点儿也不假。

常言道，龙生龙，凤生凤，巨人家族出巨人。爹妈矮小的，绝对不能生出伸手就能摸着篮圈的儿子。没准儿有人会想，自从大象在世上出现以来，祖祖辈辈从来就是这副模样吧？

不，你想错了，大象家族可不是这样的。它们的祖先没有招牌式的长鼻子，只有一个厚厚的上嘴唇，也没有大门牙，只不过第二门齿稍稍大一些。

唉，唉，唉，它的个子说起来更加丢人，想不到只有猪那么大！如果呈现在一位近视眼先生的面前，没准儿会把它当成是谁家跑出来的一头大肥猪。

　　是呀！这样的个子，这么一副难以恭维的尊容，不管发挥出多么丰富的想象力，也很难把它和威风凛凛的大象联系在一起，哪还谈得上什么龙生龙、凤生凤的优生学理论？

　　是呀！是呀！难怪20世纪初期，一位古生物学家首次在埃及内地的一个湖边发现它的化石，还以为是一种不知名的怪兽呢。根据化石测算，它的体重大约200千克，身高只有60厘米左右，无论如何也没法和巨大的象联系在一起。经过一番仔细研究，后来人们才弄清楚，想不到这竟是象的祖先，并正式命名为始祖象。

　　为什么堂堂大象的祖先会是这个样子？这和它的生活状态有关系。

　　原来，它生活在水边，基本上都泡在水里，

奉节县夔门古象馆的
古象化石

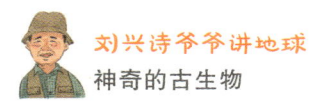

靠吃水草过日子，很少上岸活动。猛一看，说它是今天大象的开山始祖，还不如说它是河马的先祖，更加贴切。

要知道，一切生物的形态都是在环境条件的影响下，相应发展而成的。那时候，始祖象为了适应当时的生活环境，就必然只能是这个样子。如果个儿太大，翘着两根长长的大门牙，在水里反而会妨碍行动呢。

再说了，它要那么长的门牙干什么？周围没有凶恶的水怪，不必用它来打斗，也不必用它来吓唬对方、炫耀自己。如果有了大长牙反倒显得累赘，会碰撞石头、缠绕水草，磕磕绊绊不好行动。

那时候，它的容貌也和今天大不一样。不仅是体形和门牙不一样，脑袋也和今天不同。首先，它的头骨很长，和今天的象不同，倒像河马似的，眼睛、耳朵和鼻孔都靠近前端，在水面高高露出。在炎热的气候下，它大半个身子都浸泡在凉爽的水里，只露出半个脑袋，能够自由自在地呼吸空气，看清楚身边的环境，听清楚周围的动静就成。

啾，这哪是今天威风八面的森林之神、我们熟悉的大象爷爷。谁也不会想到，大象的祖先竟是这么一只可怜巴巴的"水象"。在古老的印度神话中，人们认为象神腊瓦达是在大海浪花中诞生的，还真的有一些科学的影子呢。

听到始祖象这个名字，人们不禁会问：它就是今天大象的直系祖先吗？

也不是的。科学家经过研究才终于弄明白，这种始祖象只不过是大象进化史上一个已经灭绝的分支。在非洲发现的另一类古象才是现在象的真正祖先，并逐渐发展成为后来的真象，进一步衍生出非洲象和亚洲象两大体系。

真象的子孙走上了陆地。它们为了适应新的生活，体形逐渐发生了变化。它们摘食高处的树叶，防备和威慑凶猛的敌人，慢慢长出了长鼻子和粗壮锋利的大门牙。它们的个儿也逐渐长大了，显示出一派不可侵犯的模样，终于一步步发展成为今天我们看见的庞然大物。

小卡片

乳齿象、铲齿象

　　乳齿象也是古象的一种。最早的乳齿象和始祖象生活在同一时代，不同的是后者多半生活在水里，吃水生植物。乳齿象却生活在森林中，吃地上的嫩草。它的牙齿上有一对对好像乳头形状的突起，所以叫作乳齿象。

　　铲齿象生活在新第三纪，又叫板齿象。顾名思义，它的下颚伸展得很长，前面并排长着一对扁平的下门齿，好像是一个大铲子，所以叫铲齿象。这个特殊的"铲子"可用来切断浅水中的植物，再一股脑儿将其铲起来，用长鼻子卷进嘴巴里。说它像是一台活铲土机，确实很形象。

铲齿象

第二章
"黄河象"的故事

名称：剑齿象

地质时代：第四纪更新世

在从前小学语文课本里，有一篇著名科普作家刘后一写的《黄河象》，讲述了黄河象的故事。刘后一是我的老友，在中科院古人类、古脊椎动物研究所工作，讲一口浓郁的湖南话，比我大几岁，人称"刘大哥"。他辞世后，大家又硬把我叫作"刘大哥"了，令我心惊肉跳，不知自己会在什么时候作古。这位真正的"刘大哥"，本身就是研究古脊椎动物的专家，他文史功底深厚，做学问时态度严肃认真，撰写的文章真实可靠。

1973 年冬天，甘肃省东部庆阳市合水县板桥乡穆旗村的几个农民，在马连河畔挖掘沙土的时候，忽然发现沙土中露出一段洁白的象牙，大家惊奇得几乎不相信自己的眼睛。

哎呀呀，象牙！这么稀罕珍贵的东西，怎么会在这儿出土？是有人特意埋藏的，还是有别的隐秘原因？要知道，这里的气候非常干燥，并不适合生活在湿热环境里的大象。这里有的只是牛哇马啊，以及常见的小毛驴，怎么会有生活在热带的大象呢？

不管什么原因，这可是这个偏僻山村的一件大事。挖沙土的农民们立刻向当地政府报告，一直汇报到省城兰州。有关古生物学家立刻赶来正式发掘，终于挖出了一头大象的完整骨架。大象脚下是石头，象牙斜斜插在沙土里，保持着原来的状态。专家根据情况分析，认为大象是在河边饮水的时候，一不小心陷进了泥潭，后来逐渐被泥沙掩埋，再后来泥沙堆积越来越厚，终于被完全掩埋在厚厚的黄土层里。

这是一只生活在几万年前晚更新世的剑齿象，有 4 米高、8 米

黄河古象骨架

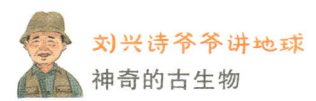

长，弯弯的象牙也有 2 米多长，门齿上端的直径有 32 厘米，是世界上已知最大的剑齿象之一。这么大的身躯几乎接近两个姚明的身高，有一辆公共汽车长，象牙也足够姚明斜躺在上面，真是一个了不起的巨无霸。

根据在哪里发现就用该地名命名的原则，这头大象的石化应该挂上马连河的名字，可是马连河的名气太小了，似乎不能和这个重要的化石相匹配。于是因为马连河属于黄河流域，这头大象的化石又在黄河的一条支流边出土，所以将其命名为"黄河象"。一般人这样称呼它，显得格外简单明白，也格外亲切。专业工作者可叫它"黄河剑齿象"，这个名字清楚地指出了它的科学分类位置。

啊，马连河！啊，合水县的板桥乡！1954 年夏天，我曾经到这里考察。这是陇东黄土高原的一部分。站在马连河边抬头仰望，巨厚的黄土层好像是一道道笔直耸起的黄土墙。我们也曾经在这一带发现过一些晚更新世的古脊椎动物化石，说起来它们应该是和这头"黄河象"属于同时代的化石动物群。

话说到这里，记起一件非常有趣的事情。

当年我们的队部就在板桥乡附近。有一天，我们从野外收队回来，瞧见两个炊事员正在和一些老乡发急。原来老乡瞧见我们有一个红十字医疗箱，箱子上又有"北京大学"的字样，误认为是北京来的医疗队，抬了一个病人来并要求给他治疗。队部只有两个蒸馒头的炊事员，怎么解释也说不清。这时瞧见我们回来，双方都似乎瞧见了希望。老乡们一窝蜂赶到跟前，要求我们这些"大夫"治病。面对热诚的老乡，我们无法拒绝，可又真的不懂医学。这里离城很远，怎么办？我和几个同学一商量，只好壮起胆子进行"治疗"了。

我发现这个病人周身滚烫，似乎就是发烧。我们的药包里药品不多，商量一阵就给他几片消炎片，吃了再看情况。想不到几天后，又一次收队回来，忽然闻到一股香喷喷的气味。两个炊事员喜滋滋地说，想不到那个发烧的病人居然被我们治好了。乡亲们为了感谢，特意送来半只野鹿，煮了一大锅汤呢。

这件事我记忆犹新，得到两个重要的启发：

一是世间没有不好的药，只有不好的服药方法。廉价的消炎片没有什么不好。因为当地老乡很少吃药，没有产生抗药性，所以消炎片治病效果很好。

二是这里有野鹿活动，提供了珍贵的野生动物的情况。那一次，我们在这里还曾经遭遇过狼，见过野兔等不同的野生动物。加上古今植被和孢子花粉分析，联系现在发现的"黄河象"，当地从几万年前的湿热环境，变成今天的干燥凉爽的气候环境，岂不是一幅活生生的演变图景？

天悠悠、地悠悠，悠远的天地演变发展，冥冥中早已留下一处处印记。马连河边的"黄河象"，就是一个最好的证据。

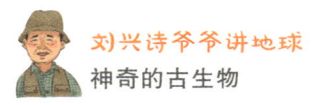

剑齿象

剑齿象是一种早已灭绝的古象，学术上属于长鼻目真象科剑齿象亚科。它的头骨和腿都比现在的大象长一些。公象的两支象牙又长又大，向上弯曲翘起，好像是两把锋利的宝剑，所以叫作剑齿象。

最早的剑齿象出现于新第三纪的中新世晚期，最晚可以生存到第四纪的晚更新世。除了亚洲，在非洲也有它们的踪迹。

在第四纪期间，剑齿象在我国东部分布很广。特别是其中的一种东方剑齿象，和大熊猫等同时代的脊椎动物组成有名的"东方剑齿象—大熊猫化石动物群"，在长江流域一带和广阔的南方，几乎到处都可以见到它们的踪迹。我作为第四纪地质学的研究者，在喀斯特洞穴中、河边阶地土层，不知发掘出多少个这种动物群的化石。

有一次，我在四川盆地中部一个城市附近考察。人们习惯把这些动物化石当作药材，统称为"龙骨"。从前一些重要化石品种，就是在药店里发现的，没法知道它们的产地，就戏称为"药店化石群"。所以我也习惯了每到一个地方，就要到药店打听一下"龙骨"的消息。想不到刚刚跨进门，抬头就看见店铺内高高悬挂着一个东方剑齿象的巨大臼齿齿板。药店老板不知道它的来历，取名叫作"盘古大牙"，就是古老得不知道什么时候的大牙之意，真有趣呀！

遇着这种情况，我就劝说药店老板和乡村医生：现在医学这么发达了，有的是各种各样的新药和治疗方法，何必还用这种老掉牙的办法来治疗呢？弄不好，一件罕见的标本就这样不明不白被磨成了粉，咕噜噜灌进病人的肚子了。

我在这里再一次这样苦口婆心宣传，就是希望通过广大读者告诉更多的人：有病应送正规医院，或者打电话呼唤"120"，不要再使用这些珍贵的"盘古大牙"之类的"龙骨"化石来治病了。

　　剑齿象的种类还有很多，除了以产地命名的黄河剑齿象，还有常见的师氏剑齿象、贵州剑齿象，以及拟高冠剑齿象等一些品种。黄河剑齿象其实就是师氏剑齿象的一种，当时主要分布在我国北方，南方是东方剑齿象和大熊猫的天下。大熊猫留存下来了，南方的东方剑齿象和北方的师氏剑齿象，已经成为一个历史记忆。

第三章
化石亚洲象

名称：亚洲象

地质时代：第四纪晚更新世至全新世

幼儿园的孩子也知道大象。我的小孙子一说起这种个儿大、力气大、脾气好的长鼻子动物，又因它没有老虎、狮子那般凶残，就无限虔诚地尊称其为"大象爷爷"。大象在孩子们的心中，向来都是力量和善良的象征。

几乎所有的动物园里都有它，它是一种常见的野生动物。

大象有什么种类呢？

今天世界上的大象分为亚洲象、非洲象两种。我们熟悉的就是亚洲象，其中包括体形巨大的印度象、锡兰象以及较小的苏门答腊象、婆罗洲侏儒象4个亚种。今天在西双版纳的热带丛林里活动的野象，就是印度象的一种。谁要看自由自在的野象，只能到西南边陲的这个角落去耐心等候。

咱们中国和非洲、南亚、东南亚地区不一样，真的没有野象吗？

亚洲象

　　不，古时候在我国的黄河流域、长江流域许多地方都有野象的踪迹，那里曾经也是野象的国度。河南省简称为豫，就和古代象群活动有关系。

　　还需要证据吗？地质学家报告说，我们在南方和北方，找到了许许多多印度象的化石。

　　咦，这是怎么一回事儿？这话里包含了两个有趣的问题：

　　第一个问题，大象是热带动物，难道中国古时候真有它的踪迹？

　　事实就是存在，这有什么好说的。

　　第二个问题，今天大家瞧见的印度象生活在现代，怎么也像恐龙一样留下了冷冰冰、硬邦邦的化石呢？

　　这一点儿也不奇怪。因为它有很长的生存历史嘛。

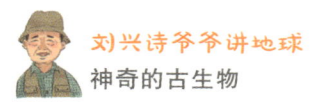
专门研究古生物的专家说，它最早出现在第四纪晚更新世，距今有好几万年的历史了。在漫长的几万年间，它的一些骨骼埋藏在地层中，就能慢慢变化为化石了。不消说，它的化石很多，说得夸张些，在一个个更新世晚期的古脊椎动物化石群中，几乎达到俯拾皆是的地步。我在野外工作中，就不知发掘出多少印度象的化石。其中在成都附近德阳黄许镇一个剖面中，就和队友一起挖掘出来一个弯弯的巨大象牙化石，这头象属于一种古老的印度象。这支象牙是我找到的最大的一支象牙，现在存放在四川西昌的四川省地矿局第一区测队，直到今天我还深深惦记着它。

印度象的化石在我国境内到处分布的这种情况，透露了一个重要的古气候环境的信息——当时这些地方都很湿热，和今天印度象活动的地区一样。这对我国东部广大地区环境变化的研究，有十分重要的意义。

云南西双版纳野象谷的野象

话说到最后，冒出一个有趣的脑筋急转弯的问题。我们都知道，大熊猫是活化石。印度象从几万年前的晚更新世生存到现在，就像前一个王朝留下来的老人，常常被称为"遗老"一样。从时间来说，印度象几乎和大熊猫一样古老，是不是也可以算为同样的活化石呢？

　　哦，可没有谁这么称呼它。在人们的认识中，似乎从来也没有这个概念。

　　这是什么原因？据说因为它实在太多了。加上它的堂兄弟非洲象，在亚非一些地方遍地皆是，并且在大量繁殖。所以大家认定了它是现代动物的一种，和老虎、狮子、长颈鹿相提并论，这一点儿也不稀奇。

　　今天的印度象早已失去"森林之王"的尊严，常常被逼着给人们干活，或者像小丑一样给游客表演。它的待遇和大熊猫相比，一个在地，一个在天，差别太大了。你看，大熊猫由于很稀罕，所以就特别尊贵，整天趴着懒洋洋地睡大觉，谁敢逼着它像大象一样做苦力？出国专机接送，住的都是动物园里的高级"别墅"。物以稀为贵，这又是一个例子。说起来，大象和大熊猫都是动物世界中的"前朝遗老"，人们对待它们，似乎采用了两个标准，有些不太公平。你说，是不是？

　　不平！不平！不平则鸣。我在这里为一些服苦役的印度象呼吁：虽然不敢奢望有大熊猫那样的贵族地位，但也请给它们更多的尊重。更加重要的是，请大家清醒认识它那同样重要的"前朝遗老"的地位吧。

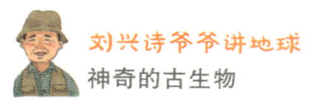

你知道吗？

中国古代的大象

我国古代，在黄河流域、长江流域都有大象活动。据说，早在春秋时期，楚国和吴国作战的时候，就出动了特殊的象军。根据古书记载，北宋时期在今天四川苍溪县境内的嘉陵江边，也发现过野象活动呢。广阔的华南地区，那就更加不用多说了。秦始皇还在广西西部和越南中北部设置过象郡，是有名的岭南三郡之一。这个地方必定曾经有许多野象活动，要不，怎么叫象郡这个名字？

第四章

披毛的大象

名称：猛犸象

地质时代：第四纪晚更新世

汉武帝时代，有一个名叫东方朔的人，在他写的《神异经·北荒经》中，有一段值得特别注意也非常有趣的记录。

请听，他是怎么说的吧："北方层冰万里，厚百丈，有蹊鼠在冰下土中焉；形如鼠，食草木，肉重千斤，可以作脯，食之已热。其毛八尺，可以为褥，卧之却寒。其皮可以蒙鼓，闻千里。其毛可以来鼠，此尾所在鼠聚。"

这个"层冰万里，厚百丈"是什么地方？

这种体重上千斤，披着厚厚八尺长的毛，吃了可以使身体发热的"大老鼠"，到底是什么古怪的动物？怎么会埋在冰冻的土层里？为什么有这样大的个子？人们半信半疑，把它当作是一段无根无据的神话。

千百年悄悄过去了，人们早就忘记了这个神话般的故事，当

猛犸象

作是荒诞的奇谈，听着笑一笑就算了。人们也把东方朔当成是吹牛的家伙，认为他说话神秘兮兮的，很难使人相信。

随着西伯利亚开发，有人在临近北冰洋的地方，挖出了遍身长满长毛的古代大象。

这是一种奇异的大象。背脊高高拱起，身上披着浓密的长毛，有一对粗壮弯曲的大象牙，比亚洲象、非洲象大得多，形象非常恐怖。

一般的大象没有毛，东方朔记述的那个冰下的"大老鼠"，很可能就是这种披毛的大象。古生物学家把它称为猛犸象，生活在几万年前的冰期时代，现在早就灭绝了。

北冰洋边发现了"大象"，轰动了全世界。许多人趁着夏季北极圈内的冻土融化的时候，纷纷赶到那儿去寻找珍贵的象牙。

在这里我要说一句，早在清朝的时候，就有一些中国商人到西伯利亚去，带回来一些象牙，这些中国商人是探寻北方象牙的先锋。

话说到这里，需要回过头来，重新审视汉武帝时代东方朔留下的那一段神奇的记录了。

我的老师著名地质学家王嘉荫教授说："这就是猛犸象嘛。"

东方朔描述得很清楚，王先生说得很对。根据2100多年前的这一段记述，显然这就是第四纪晚更新世，最后一个冰期后灭绝的猛犸象。

东方朔没有说错，冰冻的猛犸象肉真的可以吃。

有一次，在苏联召开的国际地质学会议期间，大会组织了许多地质学家到西伯利亚去考察，并认真举办了一个十分新奇的宴会，请大家吃了一顿不折不扣的冰冻猛犸象肉。经过厨师精心制作，据说味道还很不错呢。东方朔没有说错，它的肉的确可以吃。

为什么几万年前的猛犸象能够保存到现在？因为它埋藏在厚厚的冻土里。冻土像是一个天然大冰箱，把它连皮带肉统统保存了下来。东方朔说这里"层冰万里，厚百丈"，就是北冰洋地区的真实描绘。没有亲临实境的人，根本就没法说得这样清楚。

科学家研究了它的肠胃里的食物，发现除了极少数是柳树、赤杨和白桦的枝叶外，其他都是草，还有一些北极苔原带的苔藓。东方朔说它"食草木"，岂不就是这样的吗？

谁都知道大象是热带动物，为什么在遥远的北方也有分布呢？它是怎么战胜寒冷气候的？

原来猛犸象除了全身披着又密又厚的长毛，皮下还有一层厚

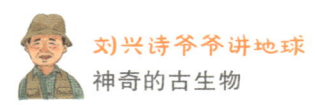
厚的脂肪。当冰雪盖满了北极圈内的大地，很难找到东西吃的时候，它就可以从自己身体内储存的脂肪中摄取能量过冬了。所以，猛犸象能够生活在严寒的冰期时代，比它那些娇气的热带兄弟姐妹们有毅力得多。

复活猛犸象的计划

　　由于一般的化石形成需要两万多年，而猛犸象灭绝只不过一万年的时间，所以它的化石实际上都是半石化的。在巨厚的冰层和永久冻土保护下，猛犸象遗体大多也不会腐坏。科学家在它的遗体中提取了珍贵的"活细胞"，获得它的 DNA 结构的秘密。这就可以用来克隆复活猛犸象，使这种史前巨兽"重返地球"和我们见面了。

东方朔

　　东方朔是一位探险家，也是一个知识非常渊博的真正的大博士。汉武帝曾经派遣他和另一些人到四面八方去探察。他在《海内十洲记》的序言中说："臣……曾随师主履行。北至朱陵、扶桑、蜃海、冥夜之丘、纯阳之陵……"其中那个"冥夜之丘"的"冥夜"，毫无疑问就是北极圈地区的"极夜"现象。"纯阳之陵"的"纯阳"，应该是北极圈内连续六个月的"极昼"现象。

　　他没有学习过现代自然地理学，能够描述出这样的现象，绝对不是瞎猜胡说，只可能是实际观察的结果。如果这是真的，他就是人类有史以来最早的北极探险家。加上其他的朱陵、扶桑、蜃海等地，表明他还是一位足迹遍布海上许多地方的探险家。让我们尊重事实，不要忘记了他，也不要忘记了汉武帝时期这个大探险时代。

猛犸象

猛犸象又叫毛象，是生活在第四纪冰期中的北方动物，曾经广泛分布在欧亚大陆和北美洲北部。大约一万年前，随着冰期结束而最后绝迹。

猛犸象的个子巨大，是当时世界上最大的野生动物。其中最大的猛犸象体重可以达到12吨。它的身上披着浓密的黑色长毛。皮下有很厚的脂肪，最厚的有9厘米。它的脑袋特别巨大，伸出一对弯曲的大象牙，瞧着非常恐怖。

随着时间的推移，人们在北方的西伯利亚和阿拉斯加的冻土和冰层里，发现了越来越多冷冻的猛犸象遗体。特别是在北极圈内的北冰洋沿岸出土的猛犸象遗体更多，它们有的直接包裹在厚厚的冰层里，已经一点儿也不稀奇了。

其实，当地的因纽特人和其他北方土著，早就和它打交道了。阿拉斯加的因纽特人用它的象牙化石做屋门。当地一些洞穴壁画中，围捕猛犸象是一个常见主题。

第五章
六只角的傻大个

名称：尤因它兽

地质时代：老第三纪始新世

瞧，这是什么怪物？

它有一个长长的脑袋，脑袋上面长着三对古怪的角。

哦，三对就是六只呀！犀牛只有一只角，牛、羊、梅花鹿几乎都只有两只角。如果谁有四只角，就奇怪得不得了，它可是有六只角呀！它要六只角干什么？

这个问题请你去问它自己吧，谁也不知道它是怎么想的。

啊，六只角简直像是一个小树林了。如果有一只小鸟飞来，准会选择在这儿做窝。

一个脑袋上，怎么排列六只角？它自有办法。

一对小角长在鼻子上，另外两对朝后些。两两先后排列，非常有秩序。好像一个什么古代宫殿、墓园或者皇家园林，一对对华表前后排列，中间留出一条大道。

它鼻子上的一对角，似乎想和犀牛斗气。

哼，说什么犀牛角很珍贵，有什么了不起？你的鼻子上只有一只角，我是你的两倍！

中间一对角，正好和嘴巴里吐出的两只大牙相对应，像是指向天空和大地的四把匕首，可以吓唬住从上、下两方来的敌人。

最后一对角长在头顶，好像是朝天发射架上的导弹，随时准备朝宇宙发射。

再看它的嘴巴里吐出的两根大牙吧。这是两个粗壮的秃头牙齿。睁大眼一看，好像是锯断了一半的大象牙，根本不知道是做什么用的了。

哎呀呀！这个六角怪兽简直武装到牙齿了，真是一个谁见谁怕的怪物。

这还算不了什么。请再看看它的个子吧。

哦，它的个子真大呀！模样很像是犀牛，也像是大象，是一

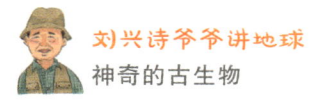

个四不像的巨兽。

它是谁？

古生物学家说，这就是几千万年前的尤因它兽。

啊，尤因它这个名字也很古怪，是不是"尤其因为它"的简写？

尤其因为它，开创了一个巨兽的时代。

尤其因为它，人人都害怕。

不是的，尤因它是一个地名。因为它是在美国怀俄明州的尤因它山区发现的，所以就叫作这个名字。不过它并不是"Made in USA"（美国造）的美国货。咱们的内蒙古戈壁上也发现过它的化石，还是"Made in China"（中国造）的中国土产之一呢！

它是恐龙时代结束后，在大地上首先出现的巨兽之一。没准儿就是由于继承了恐龙的基因，这些动物的体形都很巨大，演绎了"后恐龙时代"的"新巨兽时代"。好在当时人类还没有出现，否则会把咱们的老祖宗吓掉了魂。

瞧着这样的巨兽，没准儿有人会想：为什么像尤因它兽这样的家伙没有保留到今天？如果现在也有几只，动物园里可就热闹了。

不会的，老天爷做出了最好的选择，最终淘汰了这些笨重不灵活的家伙。

老天爷是谁？难道冥冥中真有万能的上帝不成？

不是的，老天爷就是气候环境。气候就是"天"，主宰了一切，怎么不是"爷"？

原来随着环境变迁，动作迟缓的巨兽不如小个子灵活，它们不能适应新的生活环境，很快就在生命的舞台上匆匆消失了。包括六只角的尤因它兽在内，它们都是一个个行色匆匆的过客。

这个怪模怪样的尤因它兽，老第三纪刚刚开始的始新世还没有结束，它就一下子消失得无踪无影了，是一个短命的胖子。它的灭绝，可能是不适应气候变化，加上没法和另一个"巨人"雷兽竞争的结果。

第六章
两层楼高的犀牛

名称：巨犀

地质时代：老第三纪

最大的哺乳动物是谁？

是大象吗？是臃肿笨重的河马吗？

都不是的。

最大的哺乳动物是一种犀牛。

嘻嘻，孩子们笑了，对写书的老头儿说，谁没有见过犀牛，它哪比得上大象爷爷，就是河马也比它的个儿稍稍大一些。

不，我说的不是动物园里的犀牛，而是大约 3000 万年前，老第三纪时代的一种巨犀。

巨犀的种类很多，在我国境内有准噶尔巨犀、吐鲁番巨犀等，主要分布在中亚的咸海巨犀，我国也有其踪迹。

请看看它的尊容吧。它从头到尾有 10 多米长，几乎和普通的公共汽车一样长。现在世界上最大的印度犀，3 只排在一起，才能

巨犀

和它相比。它从头到脚有 6 米高，肩高也有 5.6 米，比双层公共汽车还高。它的脖子很长，仅头骨就有 1.5 米长。如果昂起脖子，比长颈鹿还高。古生物学家根据一具巨犀的骨架计算，它大约有 9.2 吨重，真了不起。可这还不算最大的，在新疆发现的一头准噶尔巨犀，推算竟有 12 吨到 15 吨重，简直就像是一辆轻型坦克。除了早已消失的恐龙，谁也不敢向它叫板，它是当时动物界名副其实的重量级冠军。

哎呀呀！这么一个大家伙实在太可怕了。如果它发了脾气，准会把招惹它的猛兽像踢皮球似的，一脚踢得老远。

奇怪的是，这头巨犀和我们熟悉的犀牛模样大不相同。

瞧吧，它的脑袋上没有一般常有的"武器"—— 一根尖利的犀角，这和常见的犀牛很不一样。

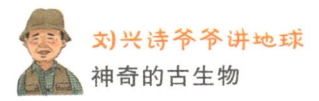

人们不理解，没有招牌似的犀角，它还算是犀牛吗？

让我们站在它的角度，代替它想一想这是为什么吧。

首先我们得要弄清楚，犀角是用来做什么的，它肯定不是花拳绣腿的装饰品，毫无疑问是战斗的武器。可是 3000 万年前的巨犀个子那么大，当时走遍天下也没有对手，何必多此一举再来一只多余的犀角呢？不过这是我们代替它想的，那时候的巨犀先生是不是这样想，咱们就不知道了。

巨犀身上还有一个谜：为什么它的脖子那样长？

也许这也和它的个子有关系吧。想一想，它的个子那么大，低头吃草一定很不方便。不能吃脚下的草，就抬头吃头顶的树叶和果子吧。这么一来，脖子就变得越来越长，几乎像长颈鹿一样了。

它的个子这样大，身体非常沉重，没有结结实实的支撑可不行。现在我们看见的犀牛家族的短腿可配不上这样庞大的身躯。于是，就长出了四只粗壮的腿，像是宫殿里的大柱子似的，支撑起整个身体。如果不是这样，那就变成了一堆肉，还能称什么霸，有什么用处呢？

这种特大号的犀牛，动作一定非常笨拙吧？

你想错了。它依靠四只强壮的腿，跑起来非常得力。每跨出一步，步伐比同时期的古马大得多。加上它昂起长脖子、大脑袋，别人还会误认为它是一匹大马呢。

我国的内蒙古、宁夏、云南等地，都有巨犀分布。内蒙古草原上发现的一具巨犀骨架，比两层楼还高，真是了不起的巨无霸。

瞧吧，一个了不起的巨犀就这样形成了，真是威风凛凛神气极了。如果你穿越时空隧道一下子遇见它，会害怕吗？

板齿犀

最早的大犀牛都没有角吗？

不，当老第三纪的巨犀灭绝以后，进入新第三纪末的上新世时，犀牛家族又冒出一种板齿犀，一直延续到几十万年到几万年前的第四纪更新世，它们也是身体巨大、相貌堂堂的巨大犀牛。根据化石测量，最大的肩高可以达到 3 米，身体最长可以超过 6 米，体重超过 8 吨，也是一个显赫的品种。值得注意的是，它的前额有 2 米长的犀角，它是有史以来最大的有角犀牛。

为什么它和古老的巨犀不一样，脑袋上长出一只又长又尖的犀角呢？没准儿是由于这时候出现了许多猛兽，使它也不得不拿起武器，认真武装起自己吧！

我国河北省泥河湾最早发现了它的化石，后来在宁夏等地也发现了它的踪迹。

有人说，神话中的独角兽就是它。如果真是这样，没准儿它一直延续到人类出现以后才灭绝的。是不是这样？需要沉默的史前历史来回答了。

白犀牛

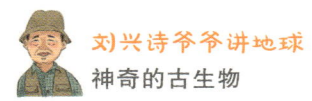

披毛犀

披毛犀是另一种灭绝的古代犀牛，因为全身披满了长毛，所以又叫作长毛犀牛。它的个儿比巨犀、板齿犀小得多，平均体高只有3.5米，肩高大约2米，体重平均1.8吨，和现在的印度犀牛体形差不多，比稀罕的白犀牛小一些。

不了解的人们或许会问：为什么它披着厚厚的长毛？因为它生活在寒冷的冰期时代，和有名的猛犸象共同生活在一起。和猛犸象一样，如果没有又密又厚的长毛保暖，就不能在冰天雪地里生存下来。

第七章
泥潭里的巨兽

名称：雷兽

地质时代：老第三纪

瞧，泥潭里的这个怪物。

这是一只莽撞的野牛吗？

不是的。如果是野牛，为什么角不长在头上，而长在鼻子上？

这是肥壮的犀牛吗？

也不对啊！犀牛角怎么会像鹿角一样分叉呢？

它的个子和大象差不多，估计不会少于 5 吨重。这么怪里怪气的家伙，无疑是一个史前怪兽。

请问，这到底是什么东西？

古生物学家说，这就是已经灭绝的雷兽哇！

哎呀！这个名字带一个"雷"字，必定和雷神沾了一些边。如果迎面遇着这个相貌古怪的巨兽，步履蹒跚走过来，谁都会吓得转身就跑。很少有几个人能够稳住神，多看它一眼。

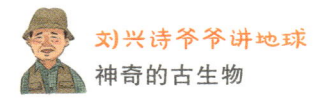
喂，胆小的朋友，请你停住脚步吧。别瞧它的个子大，相貌非常古怪，却没有什么好怕的。这是一位实实在在的素食主义者，绝对没有吃肉的习惯，不会一口吞掉你，有什么好怕的呢？

如果我有机会瞧它一眼就好啦！端起相机咔嚓咔嚓，绕着它前前后后猛拍一通照片，拿回来就能美美地炫耀一番了。

噢，这个怪兽生活在几千万年前，那得借助时空隧道，才能看见它了。

这位雷兽先生到底家住何方？是什么时代的住客？

恭恭敬敬接过它的名片一看，原来它是恐龙时代结束以后，最早出现的哺乳动物之一。说起来，它和我们熟悉的马、犀牛是近亲，都是奇蹄目的一员。

雷兽为什么吓人，主要是因为它那像粗树桩一样分叉的角。这种角又粗又壮，不像牛角、犀牛角那样尖锐，而像是被砍掉树枝的老树桩。看起来，这不是刺伤敌人的"尖刀"，凭着它的一身蛮力，这是用来冲撞对手的特殊武器。请问：谁受得了它这一撞呢？对方远远瞧见这个带叉的大角，准会吓掉了魂，不敢无缘无故地招惹它而自讨苦吃。

雷兽生活在水草茂盛的河滩上和湖沼边。别看它身体笨重，在它那又粗又短的大腿下边，长有宽大的蹄子，就是在淤泥里散步，也不会沉陷下去。这个生活在泥潭里的怪兽，真是古怪极了。

你知道吗？

雷兽名字的来历

雷兽为什么叫这个名字？这和它的一个英文别名有关系，翻译过来就是"雷"或"雷神的兽"。因为沾了雷神的光，就把它叫作雷兽了。

小卡片

雷兽的先祖

雷兽的祖先是谁？是一种叫作兰布达兽的古动物。其大小和狼差不多，身子很轻巧，四肢又细又长，非常适合奔跑，才不是后来雷兽那么臃肿的样子呢。后来的始雷兽，身形已经比较大了。往后越来越大，才慢慢演化成为我们所讲的雷兽。

它发展到这时候就到头了吗？

不，后来的发展趋势是，它逐渐长出了尖尖的角，作为自卫的武器。我国内蒙古地区的王雷兽，鼻子上冒出两根连接在一起的角。它的身子有 2.5 米高，威风凛凛地站立着，可以和球星姚明比高低，比任何举重运动员还壮实，赛过了犀牛和河马，可厉害啦！

第八章

恐怖的巨猪

名称：巨猪

地质时代：老第三纪至新第三纪

喂，朋友，你怕猪吗？

哈哈！猪有什么好怕的。我吃惯了红烧肉、回锅肉，从来就没有怕过猪。

喂，朋友，你怕巨猪吗？

呵呵，巨猪是什么？不就是大肥猪吗？喜欢还来不及呢，有什么可怕的。

不，我在这儿说的巨猪，不是饲养场里的大肥猪，是古时候传说的一种怪兽。请看，有书为证。

《淮南子·本经训》中记载："尧之时，十日并出，焦禾稼，杀草木，而民无所食。猰貐、凿齿、九婴、大风、封豨、修蛇皆为民害。尧乃使羿诛凿齿于畴华之野，杀九婴于凶水之上，缴大风于青丘之泽，上射十日而下杀猰貐，断修蛇于洞庭，擒封豨于桑林。"

这说的是，尧的时代，天上有十个太阳，地上有许多妖怪。庄稼全被烤焦了，人们没有吃的，生活非常困苦。尧就派羿射下那些火辣辣的毒日头，斩杀四面八方的妖怪。

请注意，其中桑林抓住的封豨，就是一种恐怖的巨猪。在一些古书中，干脆把它叫作豕，认为是一种和风雨有关的怪兽。这也有一些记载。

《诗经·小雅》说："有豕白蹢，烝涉波矣。月离于毕，俾滂沱矣。"

西汉时期的毛苌、毛亨父子注解说："将久雨，则豕涉水波。"这说的是快要连绵下雨的时候，有一种怪猪就从水中钻出来了。

《周易》里有一段话："上九，见豕负涂，载鬼一车，先张之弧，后说之弧。匪寇昏媾，往，遇雨则吉。"

《太平御览》说："四方北斗中无云，惟河中有云，三枚相连，如浴猪豨，三日大雨。"

《述异记》说："夜半，天汉中有黑气相连，俗谓之黑猪渡河，雨候也。"

《史记·天官书》解释天空中二十四宿的奎宿说："奎曰封豕，为沟渎。"

所有这一切，都表示这种怪猪和雨有关系，人们把它当作雨神。想一想，今天饲养场里的大肥猪，能够成为人见人怕的妖怪，还是人人尊敬的神吗？

传说中的封豨，谁也没有见过，不知道是什么样子。可是古书中说了这么多，看来总还有一些事实的影子吧。

请别小看了猪。俗话说，一猪二熊三老虎，意思就是猪比熊和老虎都更厉害。

厮杀中的疣猪

　　这话一说，孩子们就会摇脑袋了。猪是什么玩意儿，怎么可能赛过熊和老虎呢？这里说的不是它打得过大狗熊和老虎，而是说它没有脑子，特别浑。老虎不仅是兽中之王，也很会动脑筋，瞧着情况不好转身就跑。熊傻乎乎的，可也不是太傻。只有野猪最亡命，也最浑。一群野猪冲过来，谁也没法阻挡，庄稼地被破坏得乱七八糟，人们拿它们简直就没有办法。难怪在前面那些古书中，把它当作是凶神恶煞的妖怪呢。

　　这些史前时期的怪猪算不了什么。地质学家说，在遥远的地质历史中，还有一种更加可怕的野猪。它的名字叫作巨猪，又叫恐猪、恐颌猪、豨。巨猪的名儿就和神话传说里的封豨差不多了。在我国的云南、内蒙古、宁夏，都发现过它的化石。

　　有了具体的化石，就能勾画出它的相貌，测量出它的尺寸了。从化石上测量，它的肩高超过 2 米，身子长度超过 3 米。站着差不多和姚明一样高，从头到尾几乎像是一辆小轿车。

　　在美国西部发现的恐猪化石，四肢很长，个头儿足足有野牛那么大，是草原上的庞然大物。凭着这样的个子，在猪的名字前面，加一个"巨"字就当之无愧了。

豨是什么意思？也就是"特大"之意。豨猪翻译成白话，就是特大号的猪。

古生物学家报告：它的两只眼睛外面，有一圈向外凸出的骨筒，紧紧包裹住眼眶，活像是戴着特殊放大镜修理钟表的工匠。

这还不算古怪呢。它还有一对足以咬碎任何骨头的巨大犬齿和可以像鳄鱼一样张开的大嘴巴。在猪的名字前面，加一个"恐"字，也算是名副其实了。

巨猪和今天的野猪一样，常常成群结队在一起，草哇，腐烂的臭肉哇，不管什么东西都吃，狼吞虎咽大吃一顿，好像是一群讨厌的蝗虫。

得了，话说到这里，请你想一想：如果在旷野里，有这么一群怪物横冲直撞过来，你还稳得住神，美滋滋地想什么红烧肉、回锅肉、青椒炒肉丝吗？

快跑吧！跑慢了，你自己就会变成它的午餐肉了。

不过别害怕，你永远也不会遇见这种恐怖的巨猪。神话传说中大英雄羿宰杀的封豨也不是它。道理很简单，此豨非彼豨。真正的豨，也就是赛过野牛的巨猪，生活在 2100 万年前的新第三纪中新世，早就在地球上灭绝了。羿和我们都不可能见着它。

巨猪是名副其实的蠢猪。虽然它的个儿很大，脑子却只有一个橘子那么大，远远比不上现代的猪。

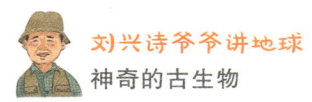

为什么猪被当成是雨神

为什么许多古书都说史前时期的猪是雨神？可能和它的祖先的生活环境有关系。

古生物学家报告，巨猪与河马都属于偶蹄目的猪形亚目，说起来是远房亲戚，最初也喜欢生活在水里。尽管巨猪在人类出现以前就灭绝了，但很可能这样的亲水习性遗传了下来，后来的野猪最初也有这样的习惯吧。

第九章
有蹄子的"兔子"

名称：蹄兔

地质时代：老第三纪至现代

庄子说过一句话："蹄者所以在兔，得兔而忘蹄。"

这话是什么意思？

专门研究古典学问的人，一本正经解释说：这就是讲，得到一个东西以后，却忘记了取得它的方法，就好像得鱼忘筌。筌是捕鱼的竹筐，抓住了鱼，就忘记了它，实在太可笑了。

咱们不管庄子这句话的本来意思，先曲解一下，把"蹄"和"兔"联系在一起，得出了一个奇怪的名词"蹄兔"。再进一步故意歪曲一下，就变成"有蹄子的兔子"了。

哈哈！哈哈！哈哈哈！这么胡说一通，气死庄老夫子了。

呵呵呵，蹄兔、蹄兔，把庄老夫子的话这么一变，居然一下子变出了一个怪物。

喂，有谁见过有蹄子的兔子吗？

哈哈哈！别说笑话了。兔子不是牛，不是羊，也不是马。只有柔软的脚掌，怎么会有四只硬蹄子。如果胆小的兔子长着蹄子，跑起来嘚、嘚、嘚响，还不招惹来狐狸和大灰狼，会有好结果吗？

信不信由你，在遥远的远古时期，真的有长蹄子的兔子，所以叫作蹄兔。这可是一本正经写进古生物教科书里的。不信，看看就知道了。

喂，谁见过兔子爬树？

哈哈哈！兔子不是猴子，怎么会爬树？这是连幼儿园的孩子们都知道的基本常识，兔子怎么会爬树呢？

信不信由你，在遥远的远古时期，真有会爬树的兔子。它们经常成群结队地在树上跑上跑下，在树枝之间跳来蹦去。古生物学家说，这是蹄兔的本领。

喂，谁闻过兔子的臭屁？

哈哈哈！兔子不是黄鼠狼，怎么会放臭屁？

信不信由你，在遥远的远古时期，有一种兔子真的会放臭屁。一旦遇着凶恶的敌人，它就来这一招。狐狸想咬我吗？臭死你。好像放毒气一样，臭得敌人受不了，它就趁机溜掉了。古生物学家说，这也是蹄兔的一个看家本领。如果今天的兔子也能这样，还怕敌人欺侮它吗？

喂，谁见过兔子大喊大叫？

哈哈哈！谁不知道兔子是天生的哑巴。要说兔子叫，简直就像公鸡下蛋一样闻所未闻。如果胆小的兔子哇啦哇啦地叫，那不是自己找死，给狐狸、大灰狼报信吗？世界上哪有这样傻的兔子呀！

你别说，在遥远的远古时期，有一种兔子就真的会叫。它不但会叫，而且喜欢号叫。古生物学家说，这也是蹄兔的本领啊！所以干脆又把它叫作嗁兔。

呵呵呵，这种有蹄子、会爬树、放臭屁、动不动就大声号叫的兔子实在太奇怪了，得好好认识它一下。

翻开蹄兔的历史，原来这是一种最早出现在老第三纪、一直存续到现在的活化石动物。从这个意义来讲，一点也不比大熊猫差。世界上一些动物园有大熊猫，可还没有这种稀罕的蹄兔哇！

第一块蹄兔化石，是19世纪中叶在非洲发现的，后来越发现越多，在我国青藏高原上也找到了它的化石。这些化石的种类很复杂，可以分为不同的类型。科学家坚持不懈找哇找，最后竟在一些隐秘的角落，抓住了活生生的蹄兔。有的生活在高高的崖壁上，藏在石头缝里，叫作岩蹄兔；有的成群住在树上，在树枝上跳跃、吃草，也吃嫩树叶和树皮，叫作树蹄兔；更多的生活在撒哈拉大沙漠的边缘，以及别的荒野中，各自显示神通。

瞧呀，它真的有蹄子，真的会爬树，真的会放臭屁，还真的会尖声号叫。

仔细看，它的前脚有四根脚趾，后脚有三根脚趾，脚掌有一块肉垫，适合在软软的草地和枯枝落叶上行走。有趣的是，它的脚尖还有一个像小蹄子似的趾甲，所以就叫作蹄兔了。

瞧呀，它的个儿不小，最大的达到60厘米长。哪是一般的兔子呀！简直就像是一只肥肥胖胖的小猪。

再仔细研究它，发现了更多的秘密。尽管它的外形、骨骼结构和生活习性有些像兔子，可是在动物分类学中，想不到它却和大象是亲戚，和大象、海牛有着共同的祖先。

又一看，它没有兔子一样的长耳朵，又有些像老鼠。不是真正的兔子，不是大象，也不是老鼠，是一个怪里怪气的"三不像"怪物。

说它是大象的亲戚，因为它的嘴也伸得很长，兔子可没有这样的嘴巴。当它刚刚出现的时候，个子也不小，有的竟有猪和马一样大小，比同时期的始祖象还神气。请问，哪有这样大的兔子呢？

可惜这种大"兔子"很快就消失了，只留下一些很小的蹄兔，分布在非洲和西亚等人迹罕至的地方，作为活化石一直保存到现在。

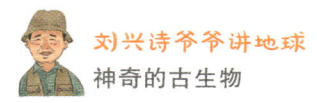

钉齿兽

兔子的祖先到底是谁？古生物学家说，是一种罕见的钉齿兽。

这是一种在荒凉的蒙古戈壁上发现的化石，生活在5500万年前的老第三纪始新世早期。它的骨骼和现在的兔子的骨骼非常相似，后腿比前腿长两倍以上，可见跑得很快。有趣的是，它还有一条长长的尾巴，牙齿长得有些像松鼠的牙齿。不管你信不信，它就是现代兔子的老祖宗。

今天的兔子

第十章
中药铺里发现的巨猿

名称：巨猿

地质时代：新第三纪上新世至第四纪中更新世

1936 年，荷兰古生物学家孔尼华在香港的一个中药铺里，从一大堆"龙骨"中，偶然发现一颗奇怪的牙齿。

从外表看，这很像人的臼齿，但是比人牙大两倍。他翻来覆去仔细查看，不知道这是哪一种已知的灵长类动物的牙齿。

他猜，这必定是一种远古巨猿的牙齿。根据这几颗牙齿推算，这种神秘的巨猿身高可能达到 3 米，体重在 300 千克以上。这是最大的灵长类动物，世界上还没有见过这样巨大的猿类呢。

哎呀！这真是一个了不起的发现，可惜不知道这些巨猿的牙齿原来出产在什么地方，未免有些美中不足。

他向药店老板打听，药店老板摇摇头，没法回答他的问题，只知道这些"龙骨"是从华南各省进的货，可是每颗牙齿、每根骨头具体来自什么地方就说不上来了。

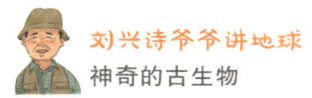

孔尼华非常失望，只好在药店里继续寻找他想要的宝物。他耐心地从一个麻袋又一个麻袋的"龙骨"中细细翻找。在往后 4 年中，他在香港和广州的中药店继续搜寻，终于又找到了 3 颗同样的牙齿化石，就给它们取了一个实在没有办法的办法的名字，干脆叫作"药店动物群"。

巨猿图

他就这样不懈地寻找着，直到日本侵略者占领了香港，才不得不中止了自己的工作。

不管怎么说，这表明了这种神秘的动物广泛分布在中国南方的土地上。特别是石灰岩洞穴密集的广西、贵州等地，发现的希望最大，总有一天他能揭开最后的谜底。

日子一天天、一年年过去。1956 年，当地农民在广西柳城县的一座石灰岩孤峰上一个高高的岩洞里，发现了一个巨猿化石。第二年春天，中国科学院就派出一支科学考察队前往调查。直到 1963 年，整整 7 年中，这里先后发掘出了 3 个完整的巨猿下颚骨化石，以及大量巨猿本身和其他伴生动物的化石。经过著名古人类学家吴汝康、裴文中研究鉴定，确定这里总共有 70 多个更新世初期的巨猿。这是一个前所未有的庞大巨猿群，于是取名叫作柳城巨猿，解决了孔尼华一直想探明的问题。

巨猿曾经和早期人类一起度过了 100 万年的时光，直到 10 万年前才彻底灭绝。多亏这种巨猿是吃素的，从来也不开荤。要不，我们的祖先也许就会成为它的盘中餐，可能就没有我们人类的今天了。

这就完了吗？

不，还早呢！后来在中国广西大新、武鸣、巴马、田东，湖北建始，以及印度、巴基斯坦等地，先后又发现了一些同样的巨猿化石，证明它的分布很广阔，比孔尼华想象的多得多。其中，广西最多，可算是巨猿的故乡了。

巨猿的面纱揭开了，还留下许多问题值得进一步研究。

瞧见这些化石，人们不禁会问，巨猿是人类的祖先吗？为什么人的个子没有它这样大？

古生物学家仔细比较了巨猿和别的古猿的牙齿后宣布，这是另一支已经灭绝了的古猿，不是人类的直接祖先。

人们又问，巨猿真的有那么大的个子吗？

有人研究了它的化石后说，其实它的体重和人差不多，身高只有 1.5 米左右。因为它吃的是坚硬的果子和竹子，所以长出了特别大的牙齿。用这种牙齿来推算身高，就会把身高估计得太高了。虽然这个说法不一定对，只能算是一家之言，不是主流的看法，却也值得注意。

巨猿到底是什么动物？有人干脆把它翻译为"巨型猿人"。

这个说法不对。巨猿说到底是一种"猿"，绝对不能叫作"人"。

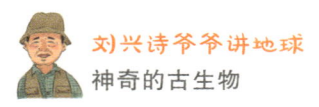

孔尼华

著名的荷兰古生物学家孔尼华，1930 年曾经在印度尼西亚发现了爪哇猿人的头盖骨，震动了世界。后来他又在香港发现巨猿臼齿化石。不幸在日本侵略者占领期间，他被关押进集中营，命运悲惨。他战后回到荷兰 Utrecht 大学，继续进行研究，取得了很大的成绩。

在这里顺便说一下 Utrecht 这个地名，一般地图上翻译为乌得勒支，其实是不明白荷兰语发音和英语不一样。这儿"U"的发音不是"乌"，而是"尤"。我曾经在这个荷兰中部古城附近的小城 Zeist 居留过一阵子，也访问过 Utrecht 大学。Zeist 在地图上翻译为泽伊斯特。其实这里"Zei"的发音不是"泽"，而是"塞"，应该是塞斯特。我顺便写这一段，是告诉学习外语的孩子们，应该尊重不同国家的原音，不能统统按照英语的办法用拼音读出来。

野人的传说

有人说，在美国西部的深山里，见到了一个奇异的人形动物。它的体形十分魁梧高大，周身长满了毛，可能是史前时期早已灭绝的巨猿。

这是真的还是假的？没有见到实物证据以前，谁也不能马上相信。美国一些娱乐性质的小报，喜欢制造一些奇闻异事，我们能够不经过正规科学研究就盲目相信吗？

我国湖北西部神农架山区，也有同样的"野人"传说。著名古人类学家周国兴曾亲自前往考察，十分慎重地告诉我，那不是什么"野人"，而是一种野生猿类，但是绝对不是早已灭绝的巨猿。

第十一章
匕首虎

名称：剑齿虎

地质时代：新第三纪上新世至第四纪中更新世

有一个耳熟能详的成语"如虎添翼"，说的是凶猛的老虎长着翅膀，能够在空中飞翔，真了不起呀！

不过，老虎不是老鹰，压根儿就不可能有翅膀。神话中腾云驾雾的"飞虎"，只不过是人们的大胆想象而已。

"如虎添翼"当然不可能。如果把这个成语改为"如虎带刀"，那就对了。

哈哈哈！老虎不是武士，怎么可能带一把刀？

告诉你吧，从前真有这么一种老虎，不是带一把刀，而是带着两把锋利的尖刀。

呵呵呵，越说越离奇了。老虎有两把刀，简直就是双刀英雄了，可以和梁山好汉双枪将董平比一比高低。

这……这是一个神话故事吧？

剑齿虎

不，这是真的。

古生物学家说，在距今 300 万至 1 万年前，的确有过这种古怪的老虎。那不是真正的刀，原来在它的上颌，有一对尖锐的犬齿，大约有 12 厘米长，从嘴巴里伸出来，瞧着怪吓人的。

这两把匕首一样的犬齿，扁扁的、长长的，微微向后弯曲。前端两面都有锋利的刃口，上面还有许多细小的锯齿，真的像是两把寒光闪闪的匕首。即使闭着嘴巴，也会露出一大截在外面，岂不是随身带着"刀"，是名副其实的匕首虎哇！

它和一般的老虎不一样，有一个恰如其分的名字，就是大名鼎鼎的剑齿虎。

剑齿虎凭着这一对匕首似的尖牙利齿，可以大着胆子进攻大象、犀牛那么巨大的厚皮动物。它躲在林子里瞅准了机会，趁着对方不防备，像闪电一样猛扑上去，匕首一样的犬齿，一下子就刺进对方的身体。被袭击的动物疼得不得了，可身子被死死咬住，根本就没法挣脱，只能乖乖地成为剑齿虎的美味佳肴。

剑齿虎到底有多厉害？有人测量了一下它的颌骨骨架，发现它的嘴巴能够张开成90度的直角，不仅可以猛烈撕咬和吞食猎物，也有利于更加有力地把尖利的牙齿捅进对方的身体。它的体重是狮子的两倍，是最厉害的史前猫科动物。现代的老虎和它相比，简直就是小巫见大巫。

这么凶猛的剑齿虎，为什么不能留下一只，放在动物园里给大家观赏？原来，在更新世快要结束的时候，最后两个冰期的规模，比先前的冰期更大，气候发生了剧烈变化。许多地方的犀牛、大象和别的动物迅速减少，剑齿虎寻找食物困难多了。虽然它凶猛残暴无比，行动速度却比不上同类兄弟那么灵活敏捷，没法捕捉迅速奔跑的鹿、马等草原动物，只好一只接一只饿着肚子倒下去了。

唉，这个不可一世的霸王，过分迷信自己的力量，满足现状不改变，不懂得学会加快速度来扩大武力的优势，终于在历史长河里被无情地淘汰了，岂不是一个可悲的讽刺吗？从剑齿虎的悲剧里，我们难道不可以汲取一些深刻的教训吗？

第十二章
不起眼的小古驼

名称：小古驼

地质时代：新第三纪

说起骆驼，你会想起什么？

不消说，首先就是在它背上高高拱起的驼峰。亚洲骆驼有两个驼峰，而非洲骆驼只有一个。不管是一个还是两个，都是它少不了的标志。人们难以想象，如果没有驼峰，还叫什么骆驼？

信不信由你，从前最早的骆驼，压根儿就没有驼峰。

说起骆驼，你会想起什么？

那还消说吗？骆驼生活在沙漠里，是有名的"沙漠之舟"哇！

信不信由你，骆驼最早的祖先，根本就不住在沙漠里，而是住在碧绿的大草原上，或者茂密的森林中。

说起骆驼，你会想起什么？

骆驼走路慢悠悠的，一步一个脚印，好像在轻轻松松地散步。

信不信由你，古时候的骆驼跑得和羚羊一样快，简直就是草

蒙古戈壁沙漠上的
双峰骆驼

撒哈拉沙漠中的
单峰骆驼

原上的风之子。

　　说起骆驼，你还会想起什么？

　　骆驼的个子大，赛过了牛和马。要想爬上它的背脊，得要它趴下来才成。

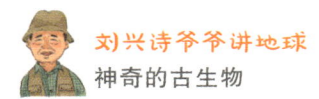

　　信不信由你，刚开始出现在世界上的骆驼，个子都很小。最小的还没有 1 米高，和一只狗差不多，叫作小古驼。不过也不是所有的远古骆驼都这样小，还有一种大个子骆驼，身高超过了 3 米，叫作高骆驼。

　　唉，这说的是什么骆驼呀？怎么和人们印象中的骆驼完全不一样？

　　这是生活在 200 万到 300 万年前，新第三纪中新世的小古驼。它的四肢很长，身体非常轻巧，好像羚羊似的，跑得像风一样快。

　　高骆驼是它的堂兄弟，脖子很长，可以仰起脑袋吃树上的嫩叶，是长颈鹿的祖先。

　　为什么它们是这个样子呢？这和当时温暖潮湿的环境有关系。那时候的食物非常丰富，根本就用不着在背上长一个多余的驼峰。它们在新大陆的草原上，度过了几千万年的舒适日子。

　　俗话说，天有不测风云。想不到在第三纪末期，整个地球的气候变了。北美洲的森林不断缩小，出现了一大片一大片的干旱草原。古骆驼过不了这样艰苦的日子，只好成群结队穿过连接美洲和亚

洲之间的"白令陆桥"，进入陌生的亚洲大陆寻找新的生活环境。

想不到亚洲的干旱草原更大，还有许多寸草不生的大沙漠，比美洲老家更糟糕。

这时候，寒冷的第四纪冰期开始了，北方大地上布满了银色的冰川。古骆驼再也没法返回美洲老家，只好委委屈屈留在新的地方过日子。为了适应新的生活环境，唯一的办法就是，改变自己的生理特点，求得生存的机会。

在干旱草原和沙漠里生活，首先就得学会忍受干渴的煎熬。

骆驼的血液发生变化了。和别的动物相比，在沙漠烈日的强烈蒸发下，血液里失去的水分很少，血液循环还是畅通无阻，可以正常生活。为了克服缺少食物的难题，它的背上长出了储藏脂肪的驼峰，和古骆驼大不相同。

骆驼全变样子了，成为耐旱的"沙漠之舟"，是亚洲和非洲沙漠里最主要的动物。有趣的是，它们的户口改变了，在美洲老家再也找不到一只野骆驼了。在那儿想看骆驼，只有到动物园里去。

第十三章
长颈鹿的祖先

名称：古长颈鹿

地质时代：第四纪初期

长颈鹿的祖先是谁？得翻查一下它的家谱和户口。

在动物分类系统中，长颈鹿属于脊索动物门哺乳动物纲偶蹄目长颈鹿科。它的亲戚中就有一种古长颈鹿。

古长颈鹿生活在第四纪更新世初期。除了没有长脖子，整个体形和身上的花纹，很像今天非洲的霍加狓鹿。事实上古长颈鹿就是和长颈鹿同一个科的近亲。

说起长颈鹿，人们就会联想起它的故乡非洲。我国传说中的麒麟，其实就是长颈鹿。它是通过海上丝绸之路，从非洲进口的。仅仅在郑和下西洋期间，就有许多有关麒麟的史料。

翻开史书《明史》看看吧。其中就有好几段相关的记载。例如永乐十二年（公元1414年），"榜葛剌（今天的孟加拉）贡麒麟"，永乐十三年（公元1415年）"麻林（今天的肯尼亚）及诸番进麒麟、

纳米比亚考古遗址的史前岩画上的长颈鹿

天马、神鹿"。

请注意，其中的麒麟就是长颈鹿。肯尼亚本来就是长颈鹿的故乡，南亚孟加拉送来的麒麟，很可能是转运来的。

把麒麟当成是长颈鹿，有根据吗？

古生物学家说，有哇！比照一下放在广州博物馆里的萨摩麟，就有几分把握了。它们本来就是同一个长颈鹿科的，只不过是下面不同的属而已。

科和属是什么关系？这就好比同一个爷爷下面的伯伯、叔叔和爸爸，血缘关系非常亲近，必定相貌也很相像，相互关系就像你和你的堂兄弟。如果你的爷爷拍一张三世同堂、四世同堂、五世同堂的照片，你们必定并排站在一起。你说，亲不亲？

许多参观过这个博物馆的人，也异口同声说："对呀！"

你看，在这个博物馆里展出的一个新第三纪萨摩麟的标本，头骨结构非常奇怪，不得不联想起它那同一个科的亲戚长颈鹿。

肯尼亚大草原上的
一对长颈鹿

　　它长长的脑袋上，竖立着两两相对的 4 只角。前面一对小，后面一对大。眼睛就长在两对角的交叉点上，瞧着怪里怪气的。它的脖子比较长，4 只脚也很长。整个身子有 4 米长、3 米高。从牙齿结构分析，是一种专门吃草的动物，性情必定很温顺可爱。博物馆特意安排它站立在一棵大树面前，摆出一副抬着头吃树叶的样子。

　　每天川流不息的参观者，走到萨摩麟标本的面前都会忍不住多看一眼。它似乎向人们暗示，这就是长颈鹿的祖先哪！

　　萨摩麟也有些像长颈鹿，古长颈鹿就更加像了。

　　萨摩麟好像是长颈鹿的伯伯、叔叔，古长颈鹿直接就是今天长颈鹿的爸爸。不，似乎还隔着一代呢，得把真正的辈分弄清楚。

　　古长颈鹿应该是长颈鹿的亲爷爷才对。古生物学家说，这就是长颈鹿的祖先。

中国原产的"长颈鹿"

嘻嘻，这个话题似乎有些离谱了。谁不知道长颈鹿原产在非洲，难道中国也有吗？

是呀！是呀！中国没有真正的原产长颈鹿。可是信不信由你，咱们也有长颈鹿的远亲呢。

你不信，去问古生物学家。他会告诉你，山西兽、舒氏河南兽就是的。只消听一听这两种兽前面的山西、河南这两个地名，就不用怀疑了，是不是？

山西兽化石是在山西府谷县的新第三纪中新世地层中发现的。骨架有2.7米长，身子有3米高。两只竖起的耳朵前面，也有两对短短的小角。外貌很像今天的长颈鹿，只不过身材稍微小一些，脖子也还不太长而已。

舒氏河南兽化石当然是在河南发现的。舒氏河南兽生存在中新世晚期，其化石收藏在北京自然博物馆里。谁不信，请到北京前门外的天桥南大街路东的126号这所博物馆里好好看一看吧。

🔵 小知识

麒　麟

麒麟是中国古代神话传说中的动物，古书中记载它的外貌是狮头、鹿角、虎眼、麋身、龙鳞、牛尾巴。人们历来认为它是祥瑞的象征，也用来比喻才能杰出、德才兼备的人。

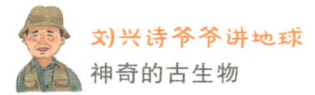

在民间传说中，凤凰是鸟中之王，麒麟是兽中之王，它和青龙、白虎、朱雀、玄武并称为五大祥兽。

人们说，麒麟小时候不会飞，长大了就能随意在天空中飞翔了。所以古诗中说"麒麟岂是池中物，一遇风云便化龙"，就是这个意思。杜甫诗中描述"绣罗衣裳照暮春，蹙金孔雀银麒麟"，这里的麒麟也显得非常高贵。

据说麒麟每次出现，都是一个非常好的时代。

以孔老夫子来说吧，就和麒麟的关系非常密切。孔子出生和去世前都出现过麒麟。在他出生前，有一只麒麟在院子里"口吐玉书"，写着"水精之子，系衰周而素王"，两句话就把他的出身和未来事业说得清清楚楚。虽然这仅仅是不可靠的传说，却也从另一个侧面把麒麟的地位抬得高高的了。

鲁哀公十四年（公元前 481 年），孔子在《春秋》中记述，有"西狩获麟"的事件。他写了一首歌："唐虞世兮麟凤游，今非其时来何求？麟兮麟兮我心忧……"不久他就去世了。

不消说，所有这一切都是神话传说，在科学面前不必太当真。

第十四章
有爪子的怪马

名称：爪兽

地质时代：老第三纪至第四纪初

小猫有爪子，小狗有爪子，老虎、花豹、狐狸、黄鼠狼都有爪子。请问，马也有爪子吗？

哈哈！马不是小猫、小狗，也不是老虎、豹子，只有 4 只大蹄子。人们形容它跑得快是四蹄生风，哪有什么爪子？

我们熟悉的唐代诗人孟郊，进士及第后，高高兴兴地写的是"春风得意马蹄疾，一日看尽长安花"，白居易写的是"乱花渐欲迷人眼，浅草才能没马蹄"，还有宋徽宗赵佶写的是"踏花归来马蹄香"，如果一个个改成"春风得意马爪疾""浅草才能没马爪""踏花归来马爪香"，那成什么样子了？

是啊，马蹄就是马蹄，哪有什么马爪的说法？再说了，马没有 4 只大蹄子，怎么能嘚嘚、嘚嘚跑得飞快。自古以来，谁也没有听说过有什么马爪子。

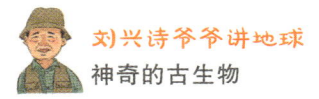
信不信由你，尽管现在的马没有爪子，可是上百万年前，它的一个远房亲戚却是有爪子的。

这是狩犷。因为有爪子，干脆又叫作爪兽。

它和马是什么亲戚？

古生物学家说，它们共同的祖先是始祖马。常言道，血浓于水，就凭着这一点，它们之间就有斩不断的血缘关系了。好像我自己的祖籍是四川德阳，几代前是广东兴宁移民来的客家人。那时，客家人因为贫穷千里迢迢移民来到四川。再往前说，我的祖先南宋以前在福建宁化，唐朝黄巢起义以前在河南洛阳。这样追根溯源，我应该是洛阳人的后代。后来有一次在洛阳的新安县演讲，我开始第一句就说："乡亲们，唐朝的老乡回来了！"下面立刻掌声雷动。这也就是血浓于水、根系故里的意思。人这样，同一个老祖宗始祖马分支下来的马和爪兽，也是一样的道理嘛！

闲话少讲，言归正传，还是讲和现代马有关系的爪兽吧。

从遗传的角度来说，既然它和马是同一个"家族"，必定就有许多相似的地方。

你看，它们都是长方形的"马脑袋"，竖起两只圆筒形的耳朵，脖子上披着长长的鬃毛，这一切都和平常的马没有什么差别。如果我们也生活在那个地质时期，抬头猛一看，没准儿会以为爪兽是从马群里跑出来的呢。

可是，它和马毕竟不是一回事儿。再细细看一下它的脚就清楚了。原来，这种"怪马"没有蹄子，每只脚上都长着三只锋利的爪子。当人们刚发掘出它的化石的时候，还以为爪子长错了地方呢。

100多年前，一位法国著名的古生物学家，刚瞧见它的化石，想来想去也想不出为什么这种"怪马"的脚上有爪子。后来他猜测说，没准儿这是一种专门吃肉的马，爪子是用来抓捕猎物的吧。

　　他错了，爪兽和马一样，也是吃草的动物，不是鲁智深那样吃肉的"花和尚"。它生活在茂密的森林里，不用长途奔跑，用不着沉重的大蹄子。森林里的动物吃草，也吃树叶。它的爪子就是用来"爬树"的。因为林子里吃草的动物很多，地上的草不够吃，就逼迫着它用后脚支撑，伸出前脚紧紧攀住树身，伸长脖子吃高处的树叶和嫩树枝。时间久了，脚趾上就长出锋利的爪子，可以牢牢抓住树干，抬头安安稳稳地吃树上的枝叶了。

　　哦，这岂不是有些像长颈鹿吗？

　　是的，它的生活方式的确和长颈鹿有些相像。因为要伸长脖子吃高高的树叶，所以个子也比较高。从它的化石观察，爪兽一般有 3 米高，是真正的"高头大马"，现在不管什么骏马的个头儿也比不上。

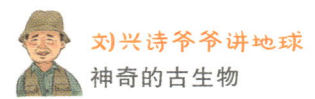
爪兽走路的方式也与众不同。想不到它竟是用指关节落地的方式走路，这样是为了便于保护长长的爪子，所以它根本就不能像现代马一样飞快地奔跑。

照这样说，似乎它可以在森林里舒舒服服地生活下去，不用走出食物丰富的大森林了。可是想不到后来环境悄悄发生变化，森林逐渐消失，出现了广阔的草原。只会"爬树"，不会奔跑的爪兽在草原上没法生存，一只又一只的被凶猛的野兽消灭了。剩下的另一个分支，经过缓慢演化，终于发展成为我们今天看见的有四只大蹄子的马了。

同一个祖先的人群分支，岂不也是一样的吗？像我这样从前是河南人、客家人的后代，已经不会说一代代老祖宗的乡土语言，也习惯了南方吃大米饭的生活，不习惯北方吃馍、喝粥的饮食了，都是一样的道理。

自由奔跑的马

第十五章
千里马是怎么形成的

名称：马

地质时代：第三纪初，直到第四纪及现在

马，是我们熟悉的朋友。驮人、拉车、打仗，甚至一些地方用来拉犁耕种，全都离不了它。至于运动场上的马球、赛马等项目，它更加是少不了的主角。

是呀！是呀！

说起马，我们就会联想起徐悲鸿笔下四蹄生风的奔马，关云长胯下日行千里、夜行八百的赤兔马，唐太宗最宠爱的"六骏"，以及汉武帝不惜发动远征去争夺的汗血宝马，等等。它们一个个神采奕奕，多么威风啊！

是呀！是呀！

说起马，我们就会联想起"高头大马""马到成功""天马行空""万马奔腾""马首是瞻"，以及"路遥知马力"这样一些成语。马不是骡子，不是窝窝囊囊的小毛驴，一亮相总显示出

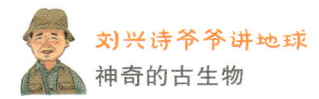

不平凡的气概。马和慢吞吞驮着回娘家的小媳妇的小毛驴不一样，只有英雄人物才配得上它。

是呀！是呀！

说起马，我们就禁不住会联想起一些有名的诗句。

你看，孟郊笔下的这两句诗，是多么美好的生活图画：

　　春风得意马蹄疾，
　　一日看尽长安花。

你听，辛弃疾吟唱的两句词：

　　马作的卢飞快，
　　弓如霹雳弦惊。

句子中似乎还回响着嘚嘚的马蹄声、唰唰的飞箭声响呢。

马呀马，人类最好的朋友。在我们的印象中，留下了多么生动、多么深刻的印象。与它相近的骡子和小毛驴，怎么能够和它相比！

画家画出了它，诗人赞颂了它；古往今来许多威风凛凛的大将军，至高无上尊贵的皇帝，几乎没有一个不喜爱它。

是呀！是呀！没有赤兔马，哪有过五关斩六将、威风八面的关二爷；没有强劲的蒙古马，哪有一代天骄成吉思汗横扫欧亚大陆无人可以抵挡的威风。千里马的印象，已经牢牢地在人们的心里扎根了，丝毫不能动摇。

我们在这儿说了马的许多好处，赞颂得无以复加。想不到地质学家在旁边幽幽地冒出一句话，几乎完全颠覆人们的观念。

地质学家问大家："喂，朋友，知道千里马是怎么来的吗？"

听了这样的话，没准儿有人会说："千里马就是千里马嘛，这个问题问得真傻。"

地质学家说："不，不是这样的。我们看见的千里马，有一个漫长的进化过程。不信，请听我慢慢说吧。"

在遥远的地质时代里，最早出现的马的老祖宗，个子比现在小得多，形象实在不敢恭维。

请你猜一猜，最早的始祖马有多大？请发挥你的想象力，尽量往小处想吧。

像小毛驴吗？

错啦！比小毛驴小得多。

像梅花鹿、猎狗、山羊吗？

不对，这还高估了它，统统错了。

信不信由你，始祖马只有狐狸一样大。如果叫关二爷拖着青龙偃月刀骑在它的上面，准会把它的背脊骨压断，连腰也撑不起来。

请你看一看，始祖马的脚也和今天的马不一样。它的前脚有

奔驰的蒙古马

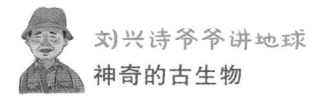
四根脚趾，后脚有三根脚趾。

再仔细看，和脚趾一起还有柔软的脚掌，压根儿就没有今天我们熟悉的大蹄子。

咦，这是怎么一回事儿？原来是环境条件造成的。

这种始祖马最早出现在第三纪始新世的初期，距今大约 5500 万年。那时候气候非常温暖潮湿，到处是茂密的森林和草地。如果个子太大，根本就不能钻进密林。在软软的草地上，有四只软和的脚掌就够了，不用在坚硬的土地上奔跑，要大蹄子有什么用处？

掰开它的嘴巴看，牙齿又低又小。它只能吃新鲜的软草和树叶，不能嚼又粗又硬的草类，和现代马大不相同。

马的成长和环境紧密关联。随着古气候一天天变化，逐渐出现第三纪渐新世的渐新马，中新世的中新马，上新世的上新马、三趾马，以及另一些灭绝的古兽马、安琪马、巨马、草原古马、丽马、矮马等许多种类。

其中，三趾马非常有名气，曾经在我国北方广泛分布，和别的脊椎动物一起，组成有名的三趾马动物群。三趾马化石是鉴定第三纪上新世地层，以及区别开第三纪和第四纪时代界线的重要标志物。三趾马的种类也多，在不同的地方和时代，还衍生出长鼻三趾马、柱齿三趾马等一些种类。

时间发展到两三百万年前的第四纪，今天马类的近代祖宗真马才在大地上出现。

这时候，许多地方的气候一天天变得干旱，大片大片的森林消失了，出现了干旱的荒漠和草原。马类为了躲避敌人求得生存，不得不学着在草原上飞快奔跑。这样一来，个儿变大了，长得更加强壮。在奔跑中，中趾着地变得粗大。整个身子的支撑力也主要放在中趾上。其他两个侧趾很小不能着地就逐渐退化，中趾发展成为更加适于长途奔跑的大蹄子。与此同时，在粗糙食物的磨砺下，牙齿也发生了变化。为了生存，身子逐渐变大了。为了抬头观察周围的情况，低头吃地上的草，脖子也变长了。

第四纪冰期时代，高纬度地方长期被冰川覆盖，许多原来广泛分布在北美和欧洲北部的野马都灭绝了，只有能够适应恶劣环境的种类才生存下来，有很大的分化。例如欧洲、亚洲的现代马就进化得很快，生活在炎热非洲的种类就变化得比较缓慢，斑马就是其中比较古老的一支。

瞧，千里马就是在这样艰苦的环境中一天天磨炼出来的。

亲爱的小读者，从千里马的成长过程中，我们不仅学到了一些古生物知识，还得到了人生的启发呢。

你知道吗？

美洲马的来历

历史学家说，美洲本来没有马，是欧洲殖民者带去的。

地质学家说，这话对，但不完全对。美洲的现代马，的确是从欧洲来的。但是在遥远的第四纪更新世，是有一种美洲马的。如果继续发展下去，没有忽然灭绝的话，和哥伦布那样的欧洲殖民者对抗的印第安人，也许早就骑在马背上了。

美国西部山脊上的栗色野马和黑野马

第十六章
相貌堂堂的鹿武士

名称：肿骨鹿

地质时代：第四纪中更新世

1958年，我国发行了一套特殊的地质化石邮票，总共只有三张。分别用三叶虫代表古生代，恐龙代表中生代，肿骨鹿代表新生代。不消说，这是经过仔细研究讨论，选了又选，最后选出的三个地质时代的代表。

三叶虫没说的。在遥远的古生代海洋中，它是名副其实的主人，人们干脆就把那个时候的大海叫作"三叶虫的海洋"。

恐龙也没说的。它是中生代独一无二的霸王，谁也不能替代它。

肿骨鹿呢，这算什么玩意儿？在新生代的哺乳动物中，有的是响当当的代表，剑齿虎、洞熊、披毛犀、猛犸象，全都是一代霸主。肿骨鹿算得了什么？只能算是剑齿虎食谱中的一道大菜。不管怎么排列，也没有它的地位。当时有那么多显赫的巨兽，怎么轮得上它在邮票上出风头？

雪中的驯鹿

　　唉，邮局的工作人员一定瞎了眼睛，才把它弄成是新生代的代表。

　　不，邮局没有错，这是经过古生物学家认真推荐的。一个地质时代的化石代表，不是比谁的牙齿锋利、"拳头"大、看谁是谁的盘中餐，而是实实在在代表一个时代的特点，也和种群数量有关系。尽管在当时各种动物的食物链中，肿骨鹿算不了顶尖的，也不是末尾的，却代表了一大批食草动物，以及广阔无边的草原环境。

　　请问：没有众多吃素的食草动物，哪会有食肉动物的天地？

　　请问：没有当时的大草原，哪会有各种各样动物的生存环境？

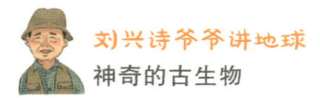

肿骨鹿作为一个时代的代表，一点儿也没有错。加上人们在著名的中国猿人的洞穴里发现了它的化石，这使它显得更加重要了。说起来，凶猛的剑齿虎以及同时代的其他哺乳动物，还没有它和古人类的关系更加密切呢。

说起肿骨鹿，没准儿人们会把它和一般的鹿混为一谈，统统当成是胆小懦弱的代表。其实在鹿的家族中，也有雄壮有力、性情暴烈的种类，肿骨鹿就是其中的一员。

肿骨鹿长得仪表堂堂。它不仅体格异常粗壮，头上还有一对特别巨大的掌状鹿角。最大的鹿角有 4 米多长，重量超过全身骨骼的总和。每只鹿角上有两根利剑般的尖刺，非常尖锐锋利。不消说，这就是它最厉害的武器。在拼死战斗中，不亚于三国英雄吕布手里的方天画戟。由于上面有许多尖利的骨刺，杀伤点特别多。没准儿可比关羽的青龙偃月刀、张飞的丈八蛇矛还厉害呢。

这样沉重的鹿角，不仅用来抵御敌人，也是雄性争夺雌性的最好武器。相互红着眼睛，谁也不会让谁。想一想，两只雄鹿挺起这样沉重的鹿角猛冲猛撞，一次次冲撞碰得叮叮当当的，也够惊心动魄呀！

肿骨鹿总是成群结队一起活动。这些鹿武士一旦发起狠来，一起低头挺着这样的鹿角猛冲过去，敢和任何凶狠的敌人拼命，谁也占不了它们的便宜，就是威风凛凛的剑齿虎，也不得不暂时回避，转身让它们三分。这样肿骨鹿就可以放心大胆地在草地上吃草，不必担心谁还敢再来侵犯了。

话又说回来了，尽管巨大的掌状鹿角是肿骨鹿的武器，凭着这样的防身利器可以抵挡敌人的进攻，成为草原上了不起的英雄，可是在枝叶茂盛的森林中，横着朝向两边大大张开的鹿角，就会成为累赘，行动很不方便。随着气候环境的变化，大片大片的草原演变为森林，肿骨鹿就由于不适应新的环境，逐渐在生命舞台上静悄悄地消失了。如今留给我们的，只是掩埋在泥土中的骨骼和鹿角化石。加上在史前洞穴壁画上勾绘出来的形影，以及前面说过的那张邮票，作为永久的纪念。请问：难道这样雄赳赳的鹿武士，不能算是一代哺乳动物的代表吗？

肿骨鹿名字的来历

肿骨鹿为什么叫这个名字？不是来自脑袋上的巨大板状鹿角，而是它的下颌骨特别厚，如同肿起来似的。

第十七章
山洞里的巨熊

名称：洞熊

地质时代：第四纪中、晚更新世

哦，洞熊。

包括我国北京周口店在内，北半球许多地方的岩洞里，都发现过一种巨大的熊化石。其中有的是原始人居住过的洞穴，有的却没有一点儿人类留下的痕迹。

这些熊是怎么钻进来的？

有人猜，是被原始猎人带进来的吧？

是呀！是呀！了不起的原始猎人敢斗大象、老虎，为什么不能抓几头熊，拖回家烤香喷喷的熊肉吃？

古生物学家在一些熊骨头上发现了石器砍砸的伤痕，有的洞穴还有灰烬堆积，证明这个说法没有错。

有人说，没准儿这些洞穴本来就是它们的家。

是呀！是呀！有些洞里只有熊化石，没有人类活动的证据。

棕熊

排除了人类之后，只能做唯一的结论：这就是一个熊窝。

问题就这样来了。今天我们看见的熊，大多生活在森林和旷野里。那儿食物丰富，吃饱了，随便找一个地方躺下来就呼噜呼噜睡大觉。再说了，外面空气也很新鲜，呼吸很舒畅，干吗要钻进密不透风的洞穴里，难道是脑袋有病吗？

不，它们没有病，是那个时候的气候"生病"了。

哈哈哈！气候不是人，也不是有生命的动物和植物，怎么可能生病呢？

古气候学家说，可以呀！气候有寒暖干湿变化，时不时还会来一些长长短短的恶劣天气，叫人受不了，野生动物也受不了。这岂不就是"生病"了吗？

说得对！说得对！老天爷打一个喷嚏，大家都受不了。如果

洞熊头骨化石

不停地打喷嚏，地球上所有的生物还受得了吗？

听说过"后羿射日"的故事吗？

听说过"诺亚方舟"的故事吗？

天上十个火辣辣的毒日当头暴晒，地上洪水滔天。不是短短的一天、两天，而是整整一个漫长的时代，动不动就几十年、几百年，受得了吗？

地质学家出来说话了。

哼哼，什么几十年、几百年，简直就是小儿科。告诉你吧，仅仅在第四纪期间，就曾经有十几万年、几十万年的寒暖干湿的大变化。运气好，生活在温暖潮湿的古气候环境里；运气不好，就只能落在恶劣气候的魔爪下，别指望一下子有好日子过了。

唉唉唉，人生不过百年，熊的一生更短。根据古生物学家考证，洞熊的寿命最多只有30年。尽管它力大赛过楚霸王，气壮不亚于狮子、老虎，但也有英雄气短的时候。请问：一只熊能挨过漫长的几万年的恶劣时代，够对抗无情的气候魔王吗？

噢，那是什么时代？这些熊怎么这样倒霉，真是生不逢时呀！

告诉你吧，这就是第四纪冰期和间冰期的交替。运气好的原始人和熊，生活在间冰期里，有的是好天气和好果子吃，想怎么样就怎么样；运气不好的，只好找一个躲避风雪的地方，窝窝囊囊地凑合着过吧。

这就是一点儿也不留情面的寒冷冰期。有的熊遇着了这样的时代，不能躺在大树下、草丛里，在野外优哉游哉地睡大觉，就只好找一个能够躲避风寒的角落委屈一下了。

啊，明白了。为什么有的山洞里发现了熊的化石？这不是原始人吃烧烤留下来的骨头，而本来就是它们寿终正寝的老家。

话说到这里，我们明白了。第四纪冰期时代，有些熊不得不选择岩洞安家。这种熊有一个恰如其分的名字，就叫作洞熊。

从它们留下的化石分析，洞熊比现在的熊大得多，和另一种巨型短面熊，同是更新世的两大巨熊。一些公洞熊体重达到 1 吨多，比今天最大的北极熊还大得多，也重得多，简直就是一个活的轻型坦克。如果它怪声吼叫着冲撞过来，谁能抵挡得了？！

从洞熊的头骨、颌骨和牙齿分析，大多数的洞熊都是吃素的"熊居士"，抑或也有一些吃肉的"莽汉"。谨慎来说，洞熊算是一种杂食性的动物吧，和今天它的兄弟姐妹们差不多。对同时代手里只有简陋石斧的原始人来说，这可是一种凶猛恐怖的动物。遇着它，可要小心哪！

洞熊和老虎不一样，不是独来独往的独行侠，它们喜欢一个家族生活在一起。在一些洞穴里，曾经发现多个洞熊化石，证明

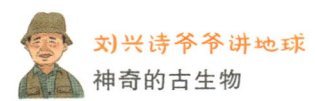

了它们的群居生活。有趣的是，在一些洞穴内，发掘出仅仅单纯含有它们化石的层次，以及有人类居住痕迹的层次，一层层上下叠压着。表明这个岩洞的"风水"真好，属于上等的居住环境，曾经有过人熊交替入住的历史。换一句话说，这儿曾经是原始人的住宅，也曾经是熊穴。一些洞穴曾经被原始人和洞熊交替占领，真有趣呀！

洞熊啊洞熊，不愧是一代雄杰，曾经叱咤风云，威风一时。可是也像往昔无数英雄好汉一样，经不住时间的消磨，在一番番大浪淘沙下，终于在时间的烟云中被淘汰乃至消失了，和猛犸象、披毛犀一起退出了历史舞台，只留下自身的化石，供给人们凭吊研究。

什么力量淘汰了它们？

还是那无情的气候环境变化的鞭子……

洞　狮

洞狮也是和洞熊同时代的一种已经灭绝了的动物，曾经遍布欧亚大陆北部和中部地区。从化石研究得知，它比现在的狮子大得多，身子差不多有 3 米长；性格很暴躁，四肢非常粗壮，力气也很大。

有趣的是，考古学家在西班牙一个史前山洞遗址内，发现有砍砸痕迹的洞狮骨骼化石，表明当时的原始人曾经猎捕过这种凶猛的大型食肉动物。

洞熊和原始文化

洞熊既然曾经和原始人生活在一起，就不可避免地在原始人的记忆里留下很深的痕迹。

在欧洲一些洞穴的原始岩画作品中，就有古人类手持长矛，围捕狂怒巨熊的精彩场面，产生过洞熊崇拜。在奥地利，有一个公元1400年左右的龙的雕刻，就来源于洞熊的头骨。一些民间传说中，也有洞熊的故事。

第十八章
胆小的大家伙

名称：貘

地质时代：第三纪至现代

在马来西亚和美洲的热带丛林里，可以瞧见一种腿又粗又短、身体肥胖笨重、半像犀牛半像马的奇怪动物。它长着一个可笑的长鼻子，可以自由自在地前后伸缩，好像在不停地嗅闻着周围的气息，一旦发现有什么不对劲儿，立刻转身就跑。

它在嗅闻丛林里的花香和林木散发出的特殊气味吗？

不，它不是游客和隐士，可没有这样的闲情逸致呢。原来它正用灵敏的嗅觉探察，并胆战心惊地提防敌人呢。

哈哈哈！这个空有其表的大家伙，原来是一个天生的胆小鬼。只要发现周围有一点儿风吹草动，就连忙跳下水游泳逃跑，不敢再在这儿露面。

请问：这个个子大、胆子小的家伙是谁？它可以算是最没有用的动物了。

马来貘

　　这是貘，是一种生活在热带密林的食草动物。更新世时期曾经广泛分布在世界的许多地方，现在只有马来貘和美洲貘还残存在人间。它的样子有些像猪，但是比猪大得多。没准儿一个马大哈看走了眼，会把它当作是谁家跑出来的大肥猪。

　　其实，中国古代也有貘，种类很多，在南方各省几乎到处都有。有个子很小的始祖貘，也有特大号的巨貘。别看巨貘的个儿特别大，同样是天生的胆小鬼。它总是在森林里独自悄悄来往，白天躲在密林深处，夜晚周围没有一丁点儿动静才提心吊胆地钻出来，溜到河边洗澡和找东西吃。鲜嫩多汁的水果和嫩树叶，就是它最喜欢吃的东西。

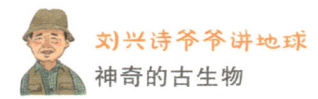
中国古代北方也有貘。山东临朐县山旺村的化石宝库里，发现了远古的貘化石。直到距今大约 3000 年前的河南安阳殷墟遗址内，也有生活在湿热气候下的印度貘。

貘向我们报告了中国古代的湿热气候消息，留下了不可多得的气象资料。只是由于后来古气候逐渐变化，浓密的热带丛林在中国大地上慢慢消失了，它才一步步退缩到遥远的南方去的。

在貘的家族中，最早消失的是巨貘。远古时期，它曾经在欧亚大陆广泛分布，后来迁移进美洲，在大约 1 万年前灭绝得一干二净，再也没有踪迹了。

小知识

古代关于貘的记述

晋代学者郭璞在《尔雅注》中说，貘"似熊，小头庳（bì）脚，黑白驳，能舐食铜铁及竹骨"。

他说的是什么动物？

有人说，这就是貘嘛，书中岂不是点出了"貘"这个动物，说得清清楚楚的吗？

有人说，这是大熊猫。其中提到"黑白驳"这句话，就是毛色黑白斑驳的意思。加上吃竹子，这不是大熊猫，还会是什么呢？

1974 年，在陕西宝鸡市一个西周早期墓的考古发掘中，出土了一个外形似羊非羊、似猪非猪、体态肥满、大圆耳、两目圆睁、长吻前伸、腹部微垂的青铜器，叫作貘樽。

白居易也写过一篇《貘屏赞》，有这么几句说："邈哉其兽，生于南国。其名曰貘，非铁不食。"虽然白居易说貘吃铁一样的金属，这不符合实际，却点明了它生于南国，证实中国古代的确有貘这种奇异动物。

第十九章
偷吃羊肉的大熊猫

名称：大熊猫

地质时代：第四纪更新世至现代

奇怪，真奇怪，山里出了一件怪事。

2005年9月5日，晚上9点钟左右，四川省绵阳市小寨子沟自然保护区里，一个名叫胡清平的村民出来上厕所，忽然听见猪圈里有声音，他觉得非常奇怪，这么晚了，谁钻进猪圈了？是不是有小偷？他连忙拿了手电筒来查看。不看不知道，一看吓一跳，想不到竟是一只胖乎乎的大熊猫，正在猪圈里慢悠悠散步呢。

大熊猫是保护动物，他不敢打它，只好任它在猪圈里到处乱转。到了半夜11点多，忽然又听见大门外面又响起了咚咚的敲门声，一家人吓得不敢去开门，提心吊胆地过了一夜。

第二天早上，他大着胆子到屋里屋外仔细检查，这才发现家里的两桶蜂蜜被掀翻了，桶里的蜂蜜被吃得精光，准是那只大熊猫干的好事！这已经是大熊猫第二次光顾他家里了，上次还把他

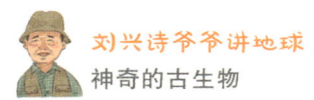
家的猪骨头偷吃了不少呢。

他的运气还算好的。川西北一个小山村里，曾经有一只大熊猫钻进羊圈，咬死一只羊，吃了羊肉后还躺在羊圈里呼呼大睡。人们发现它的时候，瞧见它的嘴巴和爪子上都是血迹。铁证如山，这件事不是它干的，还会是谁呢？

吃羊肉不算什么，大熊猫还咬过人呢！2005年8月13日上午10点45分，在卧龙自然保护区里，还发生了一件惊心动魄的事情。那一天，有几个记者前来看大熊猫。一个女记者越看越喜欢，兴致勃勃翻过栏杆，跑进去抱着一只大熊猫，想合拍一张照片做纪念。那只大熊猫正在吃竹子，一下子受了惊吓，转过身子就一口死死咬住她的左胳膊不放，疼得她大喊大叫。旁边的人连

午休中的大熊猫

忙跳进来救她，好不容易才让大熊猫松了口，人们赶快把她送到几十千米外的县城医院抢救。她虽然止住了血，生命没有危险，但要恢复健康，还得好好休养一些日子。

啊，大熊猫干了这么多血淋淋的"案件"，真奇怪呀！

为什么大熊猫吃羊肉，还咬人？证明它不仅仅是吃素的"和尚"，还是鲁智深那样喜欢吃肉的"花和尚"呢。一件件公案投诉到专门研究大熊猫的科学家面前。科学家说，说来道理很简单，因为它的祖先吃素也吃肉，是一种杂食性动物。你看它嘴巴里锋利的犬齿，就是用来撕咬肉的。大熊猫吃肉一点儿也不奇怪，这是一种特殊的返祖现象。

从这一大堆例子中，人们一定要记住教训。别瞧大熊猫傻乎乎的那样可爱，一下子发了脾气，或者换了胃口想吃肉了，可不是好惹的。不管大熊猫多么可爱，千万别和它亲密接触。你想拥抱大熊猫，到百货公司买一只毛绒大熊猫玩具，随便你怎么抱着玩都行。

谁都知道大熊猫是活化石。在几万年到两百多万年前的第四纪更新世期间，北半球的旧大陆上，几乎到处都有大熊猫。在我国的大部分地区，它常常和东方剑齿象、剑齿虎等共同生活在一起，组成有名的"东方剑齿象、大熊猫动物群"。后来由于气候环境的变化，别的动物一个个消失了，只留下了它，迁移进四川西北部、陕西南部和甘肃南部一些海拔1500~3500米的高山深谷茂密竹林里生活。它受了环境变化的影响，食谱也逐渐改变了——从吃素也吃荤的杂食性动物，渐渐变成主要吃箭竹的素食性动物了。

其实，就在这个时候，大熊猫也没有完全改变吃东西的习惯。它除了吃箭竹，偶尔也会吃野果子和别的植物，包括无芒小麦、玉米、木贼、青茅、多孔蕈、野当归、羌活、幼杉树皮等。有时

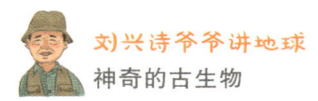
候肚子饿了，还拣食动物尸体，或者抓地老鼠和别的小动物吃。请你牢牢记住，它才不是完全吃素的动物呢。

大熊猫也不是懦弱无能的软骨头，它的力气大得惊人，即便是遇到金钱豹也不害怕。如果交起手来，谁输谁赢还说不定呢。

小知识

大熊猫进山原因的推想

作为第四纪地质的研究者，我在野外工作中经常和大熊猫化石打交道，不知发掘过多少块。特别是在广西一些更新世的化石动物群中，几乎每一个地点都有它的踪迹。别人喜欢憨乎乎的大熊猫，我却更加喜欢它祖先的化石，对它的历史感兴趣。

今天它只分布在青藏高原东部边缘一些气候凉爽的高山上。可是以前它却到处分布，一点儿也不稀奇。它到底是什么原因、什么时候进山的？一般都以为和第四纪冰川有关系。这当然是一个重要原因，也解释了它主要群体进山的原因。

是不是还有更晚的大熊猫化石呢？有人在云南腾冲发现了它的两个化石骨架，分别距今 8470 年和 5025 年左右。我特别注意后面这个数据，这是全新世中期，温暖潮湿的大西洋期结束后，以持续性干旱为主的亚北方期，这是一个灾变时代开始的时间。这时候，我在四川盆地和周边一些地区，发现了大量相关的古气候材料。在四川泸州地区测量当时长江和沱江的平均古水位，竟比今天的最枯水位还低两米左右。在四川盆地内的一些中小型河流，在枯水期不是分解为一些孤立的水潭，就是干脆断流了。

我猜测，四川盆地中最后的大熊猫就是在这样的情况下，迁移进山中的。它可以忍耐冰期的寒冷，却不能忍受这时候的干旱，可能这就是冰期以后，残余在盆地内的一些大熊猫最终进山的根本原因之一。

一、史前大森林

名称：鳞木

地质时代：石炭纪至二叠纪

唐代诗人陆龟蒙在一首诗中吟咏道：

东阳多名山，金华为最大。

其问绕古松，往往化为石。

他在这里提出了木化石的概念。

《旧唐书》里，也有一段话说："……康干河，松木入水历一千年，乃化为石，其色青，谓之康干石，上有松文。"

这里又提出了形成松树化石的时间，只需要1000年。

清代一个名叫徐崑（kūn）的人在金华做地方官，仔细观察这种"康干石"后说："古传载，康干河断松投之，三年化为石，未信也。余守金华。见金华出此石。皮藓酷似枯松，几不能辨。举之不能动，方讶为石，然莫知其所成也。"

他不相信三年就能形成化石是正确的，不了解形成的原因也可以理解。

明代地理学家徐霞客在云南永昌水帘洞也瞧见了一个特殊情况，说："崖间有悬干虬枝，为水所淋漓者，其外皆结肤为石。盖石膏既久凝胎而成。"

他说得很对，这是在含碳酸钙的水流影响下凝结生成的。这样的现象在石灰岩地区很多，不是真正的木化石。

我们在野外工作中，见识过许多木化石。因为时代久远，基本上都已成为坚硬的硅化木了，许多种类都是如此。

古老的鳞木就是其中之一。

这是最早在古生代泥盆纪出现直到中生代三叠纪才最后灭绝的一种蕨类植物门石松纲的高大乔木，在古生代的石炭纪、二叠纪最繁盛。一般有 30 米高，直径可以达到两米左右，是名副其实的"树巨人"。

和鳞木同时代的芦木，也是高大的树木。加上苏铁、银杏和许许多多羊齿植物，共同密集分布在一起，形成了浩瀚无边的原始大森林。

说到这些巨大的树木，就不由得联想起中生代期间同样体形巨大的恐龙。

是呀！是呀！有这样大的树，就有这样大的恐龙。或者反过来说，有这样大的恐龙，就有这样大的树，完全可以般配。

想一想，威风凛凛的恐龙大王，在这样高大的森林中散步，那该是多么神秘的一个场景！可惜这一切，我们只能想象，没法亲眼看见。如果能够跟在恐龙后面，也悄悄走进这样的原始大森林，

上海崇明东平森林公园恐龙园

该是多么浪漫的场景啊！

这样大的原始森林，还和矿藏紧密联系在一起。当时的林木倒下死亡后，就生成了丰富的煤矿资源。有名的二叠纪乐平煤系、侏罗纪的香溪煤系，都是这样的高大原始林木倒下后，经过漫长的岁月慢慢形成的。

二、沉睡的乌木

名称：乌木

地质时代：第四纪晚更新世末期、全新世

乌木是什么？说起来就是一种发黑的木头，实际上并不是这样简单。它似乎是木头，却沉甸甸的，和一般的树木大不相同。由于它非常坚固耐用，颜色也好看。从前人们用它来打造一套乌木家具，赛过了红木家具。别的什么核桃木、花梨木、桦木、柏木等，更不用提了，所以人们自古就对它产生了很大的兴趣。

乌木，又名阴沉木，古时候还有许多别的名称。它到底是什么东西？又是怎么形成的？先听古人是怎么说的吧。

晋代崔豹《古今注》描述它："色黑，而有文，亦谓之文木。"

唐代苏鹗在《苏氏演义》中，把它叫作乌文木，记述它："其质坚实，老者色纯黑，多以制箸及烟管等物。"

清代李调元《南越笔记》描写说："乌木，琼州诸岛所产，土人折为箸，行用甚广。《志》称出海南，一名角乌，色纯黑，甚脆。

成都乌木林

有曰茶乌者，自番舶，质坚实，置水则沉。其
他类乌木者甚多，皆可作几杖。置水不沉，则非也。"

从地质学角度，这是一种特殊的炭化木。

归纳上述描写，乌木的基本性质包括以下几点：颜色乌黑，
保留原有植物形态，具有明显木纹；比重和硬度较大，不能浮在
水上；可以用来制作各种器物和艺术品。

乌木是怎么形成的？实质上就是植物体在埋藏状态下的一种
炭化过程，和泥炭生成一个样。

一棵棵大树倒下来死亡后，常常被泥沙掩埋。起初在充氧条件下，开始进行腐化作用，又叫作残植化作用。这个时候由于喜氧细菌的作用，使植物体逐渐氧化分解受到破坏。

　　后来由于得不到充分的氧气，腐化活动慢慢停止，厌氧细菌逐渐开始发挥作用，称为腐败作用，又称丝炭化作用。在这个阶段，被埋藏的植物体经过进一步分解，连同脱水、脱氢和增炭化过程，慢慢泥炭化，就逐渐演变形成为乌木了。如果它继续发展，可以成煤，也可以由于大量硅质取代，发展成为特殊的硅化木化石。

　　由于在它的整个形成过程中始终处于埋藏状态下，而且不断增加厚度，所以压力和温度，也是两个不可忽视的重要条件。

　　虽然乌木的生成经过了较长的时间，但是从地质学的角度来看，它在整个固结石化过程中，还是非常短暂的。一般生成在第四纪晚更新世末期和最新的全新世内，特别是距今 4500~7500 年左右，一个全球性普遍温暖潮湿、植物大量生长的时期。

　　乌木主要掩埋在泥潭、沼泽、湖泊、河床、河滩等环境中，有线索、有目的地前往探寻，往往就会发现它的影子。

　　我在资阳人化石出土处的黄鳝溪边一个泥炭透镜体内，一次发掘出许多生活在距今六七千年前的乌木，包括樟科、山毛榉科、胡桃科、桦木科，以及杨柳科等植物种属，就是一个例子。

三、五次地球生物大灭绝

地球历史上，曾经发生过五次生物大灭绝。大批大批古生物，不是一种、两种，不是一个、两个，不是少数地方，而是整个科、整个目甚至整个纲，在全球范围内，很短的时间就消失得一干二净，造成了许多生物可怕的绝种现象。即使有极少数幸免于难，也没法恢复往昔的繁荣景象了。

啊！这真是断子绝孙，一个不留呀！可惜当时的生物没有文化，不能留下一部血泪的历史。否则就能保存下许多珍贵的资料，给我们好好借鉴，不再继续干蠢事，避免最后落得一样的悲惨命运。

常言道，温故而知新。我在这里写下这一段话，希望能够引起大家的注意。

第一次生物大灭绝，发生在距今 4.49 亿年前的奥陶纪末期。

那时候，距离 5 亿年前寒武纪生物"大爆炸"不久，地球上的海洋生物空前繁荣。在空旷的太阳系中，这个唯一有生命的星球上，以三叶虫为代表的海洋生物，加上笔石、珊瑚、海百合等无脊椎动物，优哉游哉地享受着自己的无知生活。可做梦也想不到，一场旷世浩劫即将来临。

哦，这些低级的生物根本就不会做梦，也没有一丁点儿预警的意识，只能被动承受环境的给予，要死就死，要活就活，实在太可怜。

事情发生在奥陶纪快要结束的时候。现今的地质学家耐心翻开一页页当时留下的岩层书页，惊奇地发现原本很多的古生物化石，突然在一个时代里一下子完全消失了。仔细盘点了一下，几乎有 80% 的物种灭绝！真是一个可怕的数字。

这是一个生物的断层，该怎么解释呢？

当时发生了大屠杀吗？

呵呵，那简直是开玩笑。那时候没有高级生物，没有社会生活，没有王朝更替，没有杀戮工具。小小的三叶虫就算是最最"高级"的了，压根儿就没有什么爱恨情仇，谈不上什么种内和种间的大屠杀。

科学家仔细分析这次"惨绝虫寰"的"大屠杀"，最后锁定了是环境剧烈变化造成的。

从当时岩层的分析查明第一个事实：当时的全球气候骤然变冷，许许多多原本生存在温暖海洋中的生物无法适应，脆弱的生命自然就一个个死亡消失了。

从全球的海陆岩相学分析查明了第二个事实：当时的海平面大幅度下降，也大大影响了各种低级海洋生物的生存。

科学家们继续追查，造成这一个大规模气候变冷和海平面下降的原因到底是什么？

结论出来了，大大出乎人们的意料，想不到是一场来自外太空的伽马射线狂暴袭击，引起了这一场地球生物大灭绝。

陨落的小行星和陨石标志着恐龙统治地球的终结

安息吧，可怜的这些大海里的小虫虫。多亏你们没有意识，"走"得也还算平静。要不，准会拍摄出一万部《泰坦尼克号》那样的悲情大片。

第二次生物大灭绝，发生在距今 3.75 亿年前的泥盆纪晚期，又是一大批原始海洋生物遭遇了灭顶之灾，消失了 70% 的物种。

从暖水海洋中物种不成比例的消失来分析，气候剧烈变化，全球性变冷，加上一些浅水内的氧气含量下降，都是造成这一场大灾难的原因。

第三次生物大灭绝，发生在距今 2.5 亿年前的二叠纪晚期。以这样不幸的事件，落下了古生代最后的帷幕。

这是地球历史上最大的一次灾难，根据科学家统计，整个地球的物种数减少了 97% 以上，海洋里的生物几乎完全灭绝，漏网之鱼少之又少。科学家们认为还是气候变化的结果。海平面上下波动，海水盐度变化，加上频繁的火山活动，这一切把整个地球弄得乌烟瘴气。

第四次生物大灭绝，发生在距今 2.05 亿年前的三叠纪晚期。

这一次灾难造成 60 个科的海洋生物灭绝，原本分布广泛的牙形石全部消失。海洋中的菊石、海绵动物、头足类动物、腕足动物遭受极大打击，陆地上的一些昆虫和脊椎动物也受到很大的影响。科学家报告，这也是气候环境变化造成的结果。

第五次生物大灭绝，发生在距今 6500 万年前白垩纪的末期，落下了中生代的帷幕。

这一次遭难的可不是一般的"小人物"，而是威风凛凛的巨大恐龙这个大霸王。不管什么吃草的、吃肉的，大的、小的，飞在天空的、浮游在海上的，以及独步大地睥睨（pì nì）一切的"龙种"，世界上所有的恐龙，统统在这个时候消失了，没有一个留下来充实我们的动物园。

别的古生物消失，似乎不为人们关切，跺一跺脚就能震动大地的恐龙大王，居然也轰然倒下了，被列入了长长的绝种动物的名单，可就是特大新闻了。

人们不由会问：它触了什么霉头，是怎么消失的？

墨西哥海湾传来了可靠的情报。原来当时有一颗巨大的小行星、陨石，或者彗星坠落到这里。撇开巨大的震动还不算啥，更加可怕的是强大冲击造成的尘埃，卷进空中随风飘散，蒙罩了整个地球。由于长时间不消散，造成了特殊的"核冬天"，严重影响全球气候，进一步影响了环境条件。大片大片的植物死亡，断绝了食草恐龙的食料，进而又影响食肉恐龙的生活，所以就造成了恐龙成批死亡，终于结束了盛极一时的恐龙时代。

这时候，和恐龙一起消失的，还有许许多多别的生物。根据统计，灭绝的生物属达到了48%，生物种竟灭绝了75%，真是一个空前的特大劫难。

不过，这只是恐龙灭绝的一个普遍原因。在不同时期，不同地方的恐龙灭绝，还有其他不同的因素。例如四川省自贡市大山铺恐龙动物群灭绝，就是砷中毒造成的。

现在我们安坐在自己的家里，回头看地球上的五次生物大灭绝，不禁触目惊心。人们不禁会问：这就完了吗？还会不会来一个第六次生物大灭绝？

答案是肯定的，只不过是时间问题，以及灭绝的对象不同而已。

新的生物大灭绝，凶手不再是无知的气候和外太空天体撞击，而是自诩为"万物之灵"的人类本身。

让我们仔细看看吧。自从人类出现以后，主宰了地球的命运，特别是工业革命以后，人类不加节制地肆意破坏大自然，使许许多多野生动植物加速消失，几乎每个小时，就消失一个物种。这样发展下去，那还了得！要知道从前的五次生物大灭绝，是以上千万年的时间来计算的。人类对大自然的加速破坏，仅仅只有几百年。这样迅速发展，不用多久就会造成一场新的生物大灭绝，到时候只留下人类自己。

野生动植物大灭绝后，人类可以生存下去吗？答案是否定的。

愚蠢的人类呀，赶快停止对大自然的破坏，认真爱护自然环境和野生动植物吧。可别搬起石头砸自己的脚，随着其他物种的消失，人类自己也将统统消失在历史的尘埃之中。

后 记

地质工作离不开和化石打交道。我们气喘吁吁地翻山越岭，背负的沉重地质背包里，除了岩石、矿物标本，就是化石标本。这些标本虽然很重很重，但出于工作需要，一块也不能随便抛弃。

你听，《勘探队员之歌》里，有这么几句：

我们有火焰般的热情，战胜了一切疲劳和寒冷。

背起了我们的行装，攀上了层层的山峰。

我们满怀无限的希望，为祖国寻找出丰富的矿藏……

这个"行装"里装的是什么？最为重要的就是冷冰冰、硬邦邦、沉甸甸的标本。

在这儿顺便说几句题外的话。人的一生都要经历"生老病死"，我已经快要走到最后的终点，请允许我在这里啰嗦几句无关本书的"废话"吧。这辈子没有别的什么能耐，却养成了能负重走路的习惯。写这本书的时候，我正准备搬家。2000 年搬家的时候，因为没有钱，请不起正规搬家公司，就随便找了几个帮工，结果被悄悄地洗劫了两三箱东西。其中一个是母亲历年给我写的信，以及其他重要家庭文件、照片，好痛心！这次就吸取教训，一些重要物件和书信就蚂蚁搬家般自己一袋袋搬运。一个个大地质背包，外加两个半米多宽的斜挎书包，我先从5楼一步步背下来，然后走五六百米上坡路再乘车。每天这样搬一次，气不喘、心不跳，耄耋之年的"80后"老头儿，锐气真的不减当年！

哎哟哟，背着石头爬山，真傻呀！

不，我们一点儿也不傻。

你可知道，那是千辛万苦采集来的标本。其中不少是在危崖上、深谷间，冒着生命危险采集来的。那时，上山下山没有路，是一脚脚试探着走过来的。

你可知道，那是工作的结晶，科学的证据。

你可知道，那是责任，那是纪律。作为"建设时期的游击队员"，就要有这一股傻劲儿。人都太"聪明"了，还有谁卖力干活？

我们哪！我们，一辈子就是特"傻"的苦力呀！

不过，我愿意。我相信，所有的地质队员都愿意。

当年在我们的背包里，其中特别是化石，每一块都是划分地层的证据。每一个地层，常常都必须有"钢鞭"的化石作为证据。法律注重物证，没有证据就不能判断是非。地质工作也特别注重物证，没有证据便不能确切划出地层界线，阐明当时的生态环境，化石标本对找矿，以及一些工程都有很大的影响，重要性可想而知。

说起化石，青少年读者没准儿会有一些好奇心，觉得那非常稀罕，一定很难发现。其实并不是这样。不同的化石产在不同地质时代的岩层里，只要细心观察，就有可能发现。当然，化石并

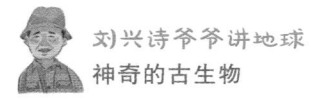
不是处处都有。有时候非常稀少，异常珍贵，有时候却非常密集，达到了几乎到处都是的状况。

以成都理工大学的三个地质实习基地来说吧，就都是化石的宝库。峨眉山就不用说了，沿着山坡往上爬，本身就是一个完全袒露的标准地质剖面。一些重要的区域标准地层，就是根据不同地质时代的化石而定的。上山的游客如果停下脚步仔细观察，必定可以瞧见很多化石。不过要提醒的是，这里是国家级的保护地点，只能看，绝对不许动手采集。请大家不要违背规定，在严格的法规面前自讨没趣。

我最喜欢的是龙门山中另一个没有名气的实习基地。一个陡崖上的二叠纪厚层石灰岩中，密密麻麻布满了珊瑚化石。步行其中，好像沉浸在古海的海底，阅读安徒生《海的女儿》的故事。周围的海水全都在魔咒中，凝结成冰冷的石头，恍然像是一个神话世界。邻近不远的一座三叠纪岩层的小山，一层层薄薄的泥岩好像是厚厚的一大沓书页，夹藏着许许多多树叶化石，活像是别致的书签，风化剥落后掉下来到处都是，似乎走进了一个遍地铺满落叶的原始森林。三叠纪和侏罗纪同属于中生代，也就是恐龙的时代，简直就是活生生的"侏罗纪公园"，迎面遇见一个大恐龙也不稀奇。

化石呀！把我们引入科学殿堂，也把我们带进了一个个亿万年前诗一样的实境中去。

作为地质工作者，我当然也免不了时时和化石打交道。只不过我的具体专业工作是地貌学与第四纪地质学。所以接触得比较多的，并不是古生代、中生代那些古老的化石标本，而是偏重新生代第三纪、第四纪的化石，特别是古脊椎动物和古人类，那就是我的专门研究范围了。

新生代的化石和往昔地质时代的化石不同，不是在一个个坚硬的岩层里，大多都在洞穴内，或者掩埋在泥土中，有的在河边阶地表面的土层，有的在平原地下深处，有的在沼泽，有的在厚厚的黄土层中。寻找和采集的方式，自然和古老岩层里的化石有所不同。

各种各样的环境，埋藏着各种不同的古动物化石。

我曾经在山西、河北、甘肃一些地方的黄土层里，挖掘出许多草原动物的化石；也曾经在成都平原北部边缘丘陵，一个砖瓦窑的两三万年前的黏土层中，刨出一根根弯弯的古亚洲象象牙。

最值得怀念的是，在著名"资阳人"头骨化石出土的一条小河——黄鳝溪边，挖掘到一个含化石的淤泥透镜体。一年年前往发掘，每次都有很大的收获。在陈毅元帅的故乡——四川乐至县原来的劳动公社旁一条小河两边的土层中，大象、野牛、大熊猫、水鹿、犀牛、马、貘等古脊椎动物化石特别多。成都理工大学博物馆展厅里的一根巨大的象牙，也是在这儿"土产"的。

以洞穴化石来说吧，一般又有两种产状。

最常见的是紧紧贴附在洞壁的洞泥层。请注意，我说的是"紧紧贴附"，抬头看得清清楚楚，由于经过含碳酸钙丰富的水流浸润，黏结得非常紧。要想刨下来，不是那么容易。一不小心就会敲坏化石本身，大大影响它的价值了。这就得"慢工出细活儿"，不花费一定功夫，甭想得到手。

另一种情况是埋藏在洞底的泥土中。也因为含碳酸钙水流的影响，往往在地面铺盖了一层非常坚硬的"钙华板"，必须费力揭开"钙华板"，才能接触下面泥土中的化石。

我最难忘的一次，是带领一个小组，在广西资江边，我们编

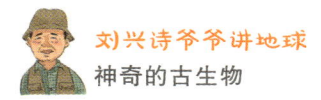
号为 13 号的洞中，经过半个多月，一举获得 4 枚古人类臼齿，以及大批"大熊猫—东方剑齿象化石群"的化石。那是华南地区晚更新世化石最丰富的地点。记得装箱的时候，我从当地合作社买来一些空肥皂箱，整整装了好几个木箱。

这里我提到了古人类化石，古人类也是一种另样的"动物"嘛，为什么不写进这本书？

不，涉及古人类，那就是另一个话题，内容也更多了。我曾经做过一些这方面的工作，十分惭愧混了一个相关的研究员的职称。亲爱的读者，如果有机会的话，请让我梳理一下过去的回忆，干脆在另一本书里，专门谈谈这方面的问题吧。

化石呀，化石！凝聚了多少艰辛、美好的回忆。作为一个有 60 多年经历的地质工作者，有什么能比这更加欣慰的呢？

写到这里，没准儿有人问：你一辈子发掘了那么多化石，自己收藏了多少？

对不起，地质部门有一个严格的规定，所有的标本连同野外记录本、地质图、野外地质剖面照片什么的，必须统统上交，任何人也不能私自保存。当然啰，带学生的野外实习不在之内。其实在我们眼中，这是非常平常的东西，一点儿也不稀罕。加之地质部门的确有这样的规定，还有国家文物保护相关法规的限制，所以在我的记忆中有很多很多，可我的抽屉里却一块也没有。

我"富有"，岂不是也很"贫寒"？

唉、唉、唉，老骥伏枥，志在千里。谁还能再给我 20 年光阴重返青山？是否愿意再背 20 年石头？我愿意！我愿意！

唉、唉、唉，一生磨炼，一身伤残：锁骨断，髋骨裂……去年豫西黄土丘陵考察，一个前滚翻，破碎的眼镜片，差一点儿刺破眼球，至今还留下难看的肿块。

我愿意！我愿意！我真的心甘情愿。

最后再说一句话。1992 年，我在明天出版社出版了一本小册子《古动物园》；2004 年又在台湾东芝文化事业公司再版，改名为《史前动物园》；现在这本书就是在此基础上进一步大刀阔斧增加内容修改而成的。篇目虽然大致相同，但是内容已经扩展好几倍了。

不再多写，谢谢！

刘兴诗

2017 年，86 岁于成都理工大学